段階的に学ぶ線形代数

塚本 達也

LEARNING LINEAR ALGEBRA STEP BY STEP

学術図書出版社

はじめに

本書は，高校においてベクトルや行列を履修していない学生にも無理なく学べることを目指して作成された教科書です．段階的に学べるよう，前半では2次正方行列を，後半では3次，4次正方行列を主に扱い，中心的な内容である対角化や連立1次方程式の解法については複数の節に分割しています．

教える側にも教わる側にも使いやすいよう，多くの先生方にアドバイスをいただきながら試行錯誤を重ねて作り上げました．特に大阪工業大学数学教室の石川恒男先生，服部哲也先生，白井慎一先生，鎌野健先生および浅芝安里先生，丸井洋子先生，妻鳥淳彦先生には貴重な意見をいただきました． また，学術図書出版社の高橋秀治氏には出版にあたって大変お世話になりました．ここにあらためて皆様に感謝申し上げます．

2019年12月

著　者

目　次

第 1 章　平面ベクトル

1.1　ベクトルとその演算

いくつかの数を一列に並べて [ ] や ( ) で囲み，ひとまとまりに考えたものを**ベクトル**という*．本書では縦一列に並べて [ ] で囲む．並べられた個々の数をそのベクトルの**成分**といい，n 個の成分を持つベクトルを n **次元ベクトル**という．2 次元ベクトルを特に**平面ベクトル**ともいう．前半では主に平面ベクトルを扱う．

例題 1.1. 次のベクトルは何次元ベクトルか答えよ．(1) $\boldsymbol{a} = \begin{bmatrix} 1 \end{bmatrix}$ (2) $\boldsymbol{u} = \begin{bmatrix} 2 \\ 3 \end{bmatrix}$ (3) $\boldsymbol{x} = \begin{bmatrix} 4 \\ 5 \\ 6 \end{bmatrix}$

答. (1) 1 次元ベクトル　(2) 2 次元ベクトル　(3) 3 次元ベクトル

すべての成分が 0 であるベクトルを**零ベクトル**といい，$\boldsymbol{o}$ と表す．たとえば零平面ベクトルは $\begin{bmatrix} 0 \\ 0 \end{bmatrix}$ である．また，$\boldsymbol{e}_1 = \begin{bmatrix} 1 \\ 0 \end{bmatrix}$, $\boldsymbol{e}_2 = \begin{bmatrix} 0 \\ 1 \end{bmatrix}$ を**基本平面ベクトル**と呼ぶ．ベクトル $\boldsymbol{v}$ に対し，すべての成分をある実数 k 倍だけしたものを $\boldsymbol{v}$ の**スカラー倍**といい，$k\boldsymbol{v}$ と表す．

次元が同じ 2 つのベクトル $\boldsymbol{v}, \boldsymbol{w}$ は，対応する成分がすべて等しいとき**等しい**といい，$\boldsymbol{v} = \boldsymbol{w}$ と表す．また，**和** $\boldsymbol{v} + \boldsymbol{w}$ は対応する成分どうしを足したものであり，**差** $\boldsymbol{v} - \boldsymbol{w}$ は対応する成分どうしを引いたものである．さらに，それぞれのスカラー倍どうしの和を，$\boldsymbol{v}$ と $\boldsymbol{w}$ の **1 次結合**という．どんなベクトルも基本ベクトルの 1 次結合で表せる†．

例題 1.2. $\begin{bmatrix} a \\ 3 \\ c \end{bmatrix} = \begin{bmatrix} 2 \\ b \\ 1 \end{bmatrix}$ であるとき，a, b, c を求めよ．

答. $a = 2, b = 3, c = 1$

例題 1.3. $\begin{bmatrix} 4 \\ 3 \end{bmatrix}$ を基本平面ベクトルの 1 次結合で表せ．

答. $\begin{bmatrix} 4 \\ 3 \end{bmatrix} = \begin{bmatrix} 4 \\ 0 \end{bmatrix} + \begin{bmatrix} 0 \\ 3 \end{bmatrix} = 4\begin{bmatrix} 1 \\ 0 \end{bmatrix} + 3\begin{bmatrix} 0 \\ 1 \end{bmatrix} = 4\boldsymbol{e}_1 + 3\boldsymbol{e}_2$

* ベクトルはアルファベットの小文字の太字で表すことが多い．
† 一般の n 次元ベクトルの場合，$\boldsymbol{e}_1, \boldsymbol{e}_2, \ldots, \boldsymbol{e}_n$（$\boldsymbol{e}_i$ は上から i 番目の成分が 1 で，それ以外の成分はすべて 0 である n 次元ベクトル）を基本ベクトルといい，その 1 次結合は $a_1\boldsymbol{e}_1 + a_2\boldsymbol{e}_2 + \cdots + a_n\boldsymbol{e}_n$ となる．

例題 1.4. $\boldsymbol{v} = \begin{bmatrix} 3 \\ 1 \end{bmatrix}$, $\boldsymbol{w} = \begin{bmatrix} 1 \\ 2 \end{bmatrix}$ であるとき，次を計算せよ． (1) $(-5)\boldsymbol{v}$ (2) $\boldsymbol{v}+\boldsymbol{w}$ (3) $2\boldsymbol{v}+3\boldsymbol{w}$

答. (1) $(-5)\boldsymbol{v} = (-5)\begin{bmatrix} 3 \\ 1 \end{bmatrix} = \begin{bmatrix} (-5)\cdot 3 \\ (-5)\cdot 1 \end{bmatrix} = \begin{bmatrix} -15 \\ -5 \end{bmatrix}$ (2) $\boldsymbol{v}+\boldsymbol{w} = \begin{bmatrix} 3 \\ 1 \end{bmatrix} + \begin{bmatrix} 1 \\ 2 \end{bmatrix} = \begin{bmatrix} 3+1 \\ 1+2 \end{bmatrix} = \begin{bmatrix} 4 \\ 3 \end{bmatrix}$

(3) $2\boldsymbol{v}+3\boldsymbol{w} = 2\begin{bmatrix} 3 \\ 1 \end{bmatrix} + 3\begin{bmatrix} 1 \\ 2 \end{bmatrix} = \begin{bmatrix} 6 \\ 2 \end{bmatrix} + \begin{bmatrix} 3 \\ 6 \end{bmatrix} = \begin{bmatrix} 6+3 \\ 2+6 \end{bmatrix} = \begin{bmatrix} 9 \\ 8 \end{bmatrix}$

平面ベクトルは平面上の矢印に対応させることができる．たとえば，$\begin{bmatrix} 3 \\ 1 \end{bmatrix}$ は始点が原点 O で終点が点 $(3,1)$ にある矢印で表される．平面ベクトルの和は，平面上の 2 つのベクトルのなす平行四辺形の対角線に対応する．差や 1 次結合についても下図から理解されよう．

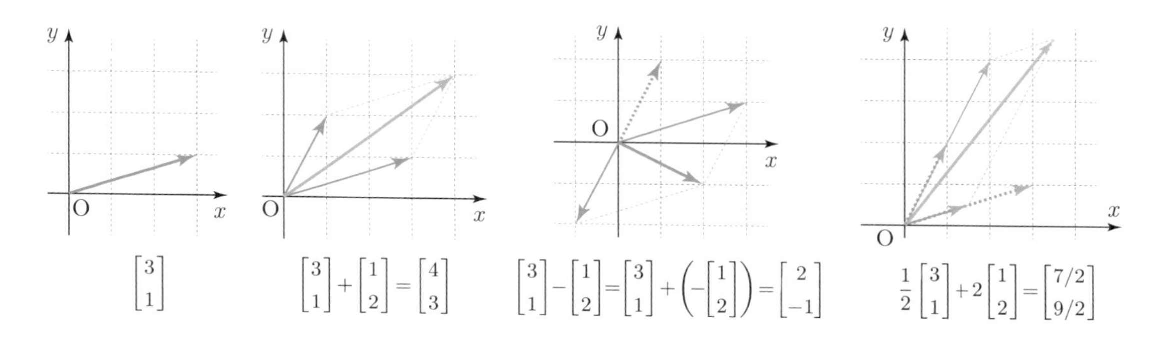

$\begin{bmatrix} 3 \\ 1 \end{bmatrix}$　　$\begin{bmatrix} 3 \\ 1 \end{bmatrix} + \begin{bmatrix} 1 \\ 2 \end{bmatrix} = \begin{bmatrix} 4 \\ 3 \end{bmatrix}$　　$\begin{bmatrix} 3 \\ 1 \end{bmatrix} - \begin{bmatrix} 1 \\ 2 \end{bmatrix} = \begin{bmatrix} 3 \\ 1 \end{bmatrix} + \left(-\begin{bmatrix} 1 \\ 2 \end{bmatrix}\right) = \begin{bmatrix} 2 \\ -1 \end{bmatrix}$　　$\frac{1}{2}\begin{bmatrix} 3 \\ 1 \end{bmatrix} + 2\begin{bmatrix} 1 \\ 2 \end{bmatrix} = \begin{bmatrix} 7/2 \\ 9/2 \end{bmatrix}$

例題 1.5. $\boldsymbol{v} = \begin{bmatrix} 3 \\ 1 \end{bmatrix}$, $\boldsymbol{w} = \begin{bmatrix} 1 \\ 2 \end{bmatrix}$ であるとき，$\boldsymbol{x}$ を求めよ． (1) $\boldsymbol{x}+\boldsymbol{w} = \boldsymbol{v}$ (2) $3\boldsymbol{x}-\boldsymbol{v} = \boldsymbol{x}+4\boldsymbol{w}$

答. (1) 両辺から $\boldsymbol{w}$ を引いて $\boldsymbol{x} = \boldsymbol{v}-\boldsymbol{w} = \begin{bmatrix} 3 \\ 1 \end{bmatrix} - \begin{bmatrix} 1 \\ 2 \end{bmatrix} = \begin{bmatrix} 3-1 \\ 1-2 \end{bmatrix} = \begin{bmatrix} 2 \\ -1 \end{bmatrix}$

(2) 両辺に $\boldsymbol{v}-\boldsymbol{x}$ を加えて

$$2\boldsymbol{x} = \boldsymbol{v}+4\boldsymbol{w} \text{ より } \boldsymbol{x} = \frac{1}{2}\boldsymbol{v}+2\boldsymbol{w} = \frac{1}{2}\begin{bmatrix} 3 \\ 1 \end{bmatrix} + 2\begin{bmatrix} 1 \\ 2 \end{bmatrix} = \begin{bmatrix} 3/2 \\ 1/2 \end{bmatrix} + \begin{bmatrix} 2 \\ 4 \end{bmatrix} = \begin{bmatrix} 7/2 \\ 9/2 \end{bmatrix}$$

例題 1.6. 次を満たす x を求めよ． $\begin{bmatrix} x^2 \\ 0 \end{bmatrix} + 2\begin{bmatrix} x \\ 2 \end{bmatrix} = \begin{bmatrix} 8 \\ x^2 \end{bmatrix}$

答. $\begin{bmatrix} x^2 \\ 0 \end{bmatrix} + 2\begin{bmatrix} x \\ 2 \end{bmatrix} = \begin{bmatrix} x^2+2x \\ 4 \end{bmatrix} = \begin{bmatrix} 8 \\ x^2 \end{bmatrix}$ より x は $\begin{cases} x^2+2x-8=0 \\ x^2=4 \end{cases}$ を満たす．

よって $\begin{cases} (x-2)(x+4)=0 \\ x=\pm 2 \end{cases}$ となり，$x=2$ を得る．

例題 1.7. $\boldsymbol{u} = \begin{bmatrix} 2 \\ 5 \end{bmatrix}$ を $\boldsymbol{v} = \begin{bmatrix} 1 \\ 2 \end{bmatrix}$ と $\boldsymbol{w} = \begin{bmatrix} 3 \\ 4 \end{bmatrix}$ の1次結合で表せ.

答. $\boldsymbol{u} = a\boldsymbol{v} + b\boldsymbol{w}$ とおくと, $\begin{bmatrix} 2 \\ 5 \end{bmatrix} = a\begin{bmatrix} 1 \\ 2 \end{bmatrix} + b\begin{bmatrix} 3 \\ 4 \end{bmatrix} = \begin{bmatrix} a+3b \\ 2a+4b \end{bmatrix}$ より a, b は

連立1次方程式 $\begin{cases} a+3b = 2 \cdots ① \\ 2a+4b = 5 \cdots ② \end{cases}$ の解である. $① \times 2 - ② : 2b = -1$ より $b = -\dfrac{1}{2}$ だから

これを ① に代入して $a = 2 - 3\left(-\dfrac{1}{2}\right) = \dfrac{7}{2}$ を得る. よって, $\boldsymbol{u} = \dfrac{7}{2}\boldsymbol{v} - \dfrac{1}{2}\boldsymbol{w}$.

平面ベクトル $\boldsymbol{v} = \begin{bmatrix} a \\ b \end{bmatrix}$ の**長さ** $\|\boldsymbol{v}\|$ は $\sqrt{a^2+b^2}$ で与えられる.

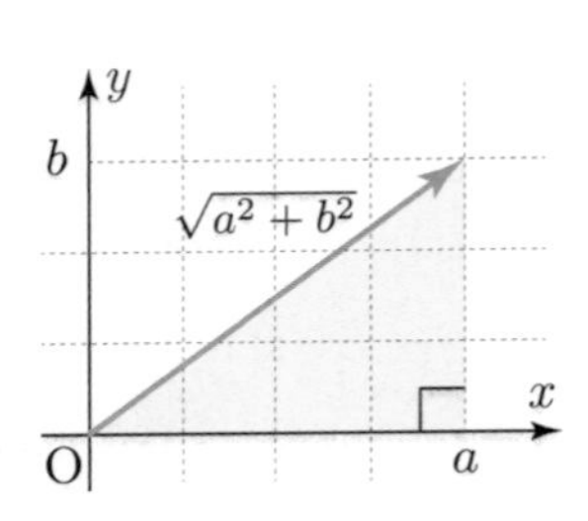

2つの平面ベクトル $\boldsymbol{v} = \begin{bmatrix} a \\ b \end{bmatrix}, \boldsymbol{w} = \begin{bmatrix} c \\ d \end{bmatrix}$ に対して $ac + bd$ を $\boldsymbol{v}, \boldsymbol{w}$ の**内積**といい, $(\boldsymbol{v}, \boldsymbol{w})$ と表す[‡]. 平面ベクトルの長さは内積を用いて $\|\boldsymbol{v}\| = \sqrt{(\boldsymbol{v}, \boldsymbol{v})}$ と表せる.

例題 1.8. $\boldsymbol{v} = \begin{bmatrix} 3 \\ 4 \end{bmatrix}, \boldsymbol{w} = \begin{bmatrix} 2 \\ 1 \end{bmatrix}$ であるとき, 次を計算せよ.

(1) $(\boldsymbol{v}, \boldsymbol{w})$　(2) $(\boldsymbol{v}, \boldsymbol{v})$　(3) $(\boldsymbol{w}, \boldsymbol{w})$　(4) $\|\boldsymbol{v}\|$　(5) $\|\boldsymbol{w}\|$

答. (1) $(\boldsymbol{v}, \boldsymbol{w}) = 3 \cdot 2 + 4 \cdot 1 = 10$ (2) $(\boldsymbol{v}, \boldsymbol{v}) = 3 \cdot 3 + 4 \cdot 4 = 25$ (3) $(\boldsymbol{w}, \boldsymbol{w}) = 2 \cdot 2 + 1 \cdot 1 = 5$

(4) $\|\boldsymbol{v}\| = \sqrt{(\boldsymbol{v}, \boldsymbol{v})} = \sqrt{25} = 5$ (5) $\|\boldsymbol{w}\| = \sqrt{(\boldsymbol{w}, \boldsymbol{w})} = \sqrt{5}$

平面ベクトルの内積について次が成り立つ.

定理 1.1.

[1] $(\boldsymbol{v}, \boldsymbol{w}) = (\boldsymbol{w}, \boldsymbol{v})$

[2] $(\boldsymbol{v}+\boldsymbol{w}, \boldsymbol{u}) = (\boldsymbol{v}, \boldsymbol{u}) + (\boldsymbol{w}, \boldsymbol{u})$　　$(\boldsymbol{v}, \boldsymbol{w}+\boldsymbol{u}) = (\boldsymbol{v}, \boldsymbol{w}) + (\boldsymbol{v}, \boldsymbol{u})$

[3] $(k\boldsymbol{v}, \boldsymbol{w}) = k(\boldsymbol{v}, \boldsymbol{w}) = (\boldsymbol{v}, k\boldsymbol{w})$

[4] $(\boldsymbol{v}, \boldsymbol{v}) \geqq 0$　　$(\boldsymbol{v}, \boldsymbol{v}) = 0 \Leftrightarrow \boldsymbol{v} = \boldsymbol{o}$

例題 1.9. $\boldsymbol{v} = \begin{bmatrix} 3 \\ 4 \end{bmatrix}, \boldsymbol{w} = \begin{bmatrix} 2 \\ 1 \end{bmatrix}, \boldsymbol{u} = \begin{bmatrix} 2 \\ 3 \end{bmatrix}, k = 3$ に対して上の性質 [1], [2], [3] を確認せよ.

---

‡ $\boldsymbol{v} \cdot \boldsymbol{w}$, $\langle \boldsymbol{v}, \boldsymbol{w} \rangle$ とも表す.

答. [1] $(\boldsymbol{v},\boldsymbol{w}) = 3\cdot 2 + 4\cdot 1 = 10,\quad (\boldsymbol{w},\boldsymbol{v}) = 2\cdot 3 + 1\cdot 4 = 10$ より $(\boldsymbol{v},\boldsymbol{w}) = (\boldsymbol{w},\boldsymbol{v})$.

[2] $\boldsymbol{v}+\boldsymbol{w} = \begin{bmatrix}5\\5\end{bmatrix}$, $\boldsymbol{w}+\boldsymbol{u} = \begin{bmatrix}4\\4\end{bmatrix}$ より $(\boldsymbol{v}+\boldsymbol{w},\boldsymbol{u}) = 5\cdot2+5\cdot3 = 25$, $(\boldsymbol{v},\boldsymbol{w}+\boldsymbol{u}) = 3\cdot4+4\cdot4 = 28$.

また, $(\boldsymbol{v},\boldsymbol{u})+(\boldsymbol{w},\boldsymbol{u}) = (3\cdot2+4\cdot3)+(2\cdot2+1\cdot3) = 25$, $(\boldsymbol{v},\boldsymbol{w})+(\boldsymbol{v},\boldsymbol{u}) = (3\cdot2+4\cdot1)+(3\cdot2+4\cdot3) = 28$.

したがって, $(\boldsymbol{v}+\boldsymbol{w},\boldsymbol{u}) = (\boldsymbol{v},\boldsymbol{u})+(\boldsymbol{w},\boldsymbol{u}),\quad (\boldsymbol{v},\boldsymbol{w}+\boldsymbol{u}) = (\boldsymbol{v},\boldsymbol{w})+(\boldsymbol{v},\boldsymbol{u})$.

[3] $k\boldsymbol{v} = \begin{bmatrix}9\\12\end{bmatrix}$, $k\boldsymbol{w} = \begin{bmatrix}6\\3\end{bmatrix}$ より $(k\boldsymbol{v},\boldsymbol{w}) = 9\cdot2+12\cdot1 = 30,\quad (\boldsymbol{v},k\boldsymbol{w}) = 3\cdot6+4\cdot3 = 30$.

また, 上で求めたように $(\boldsymbol{v},\boldsymbol{w}) = 10$ だから $k(\boldsymbol{v},\boldsymbol{w}) = 3\cdot10 = 30$. したがって, $(k\boldsymbol{v},\boldsymbol{w}) = k(\boldsymbol{v},\boldsymbol{w})$, $(\boldsymbol{v},k\boldsymbol{w}) = k(\boldsymbol{v},\boldsymbol{w})$.

2つの平面ベクトル $\boldsymbol{v} = \begin{bmatrix}a\\b\end{bmatrix}$, $\boldsymbol{w} = \begin{bmatrix}c\\d\end{bmatrix}$ $(\boldsymbol{v},\boldsymbol{w} \neq \boldsymbol{o})$ の内積を平面上で考えて見よう.

$\boldsymbol{v}$, $\boldsymbol{w}$ が x 軸となす角度をそれぞれ α, β とし, $\boldsymbol{v}$ と $\boldsymbol{w}$ がなす角を θ $(0 \leqq \theta \leqq \pi)$ とすると

加法定理と図より

$$\cos\theta = \cos(\alpha-\beta) = \cos\alpha\,\cos\beta + \sin\alpha\,\sin\beta$$
$$= \frac{a}{\|\boldsymbol{v}\|}\,\frac{c}{\|\boldsymbol{w}\|} + \frac{b}{\|\boldsymbol{v}\|}\,\frac{d}{\|\boldsymbol{w}\|} = \frac{ac+bd}{\|\boldsymbol{v}\|\,\|\boldsymbol{w}\|} = \frac{(\boldsymbol{v},\boldsymbol{w})}{\|\boldsymbol{v}\|\,\|\boldsymbol{w}\|}$$

だから平面ベクトル $\boldsymbol{v}$, $\boldsymbol{w}$ $(\boldsymbol{v},\boldsymbol{w} \neq \boldsymbol{o})$ に対し次が成り立つ.

定理 1.2.　$(\boldsymbol{v},\boldsymbol{w}) = \|\boldsymbol{v}\|\,\|\boldsymbol{w}\|\,\cos\theta$

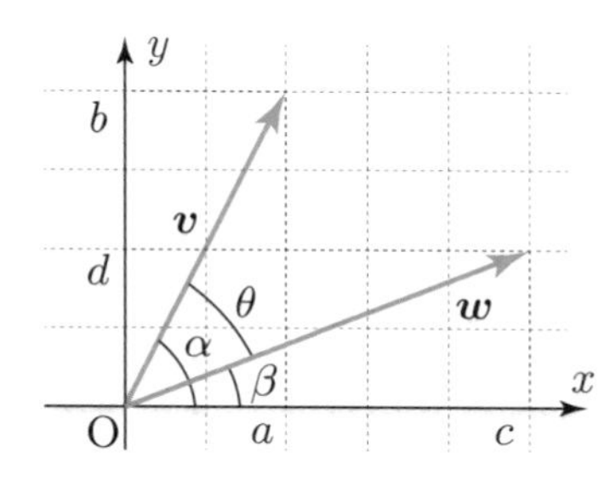

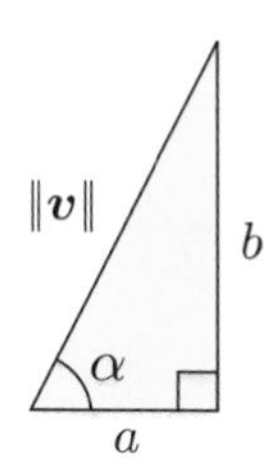

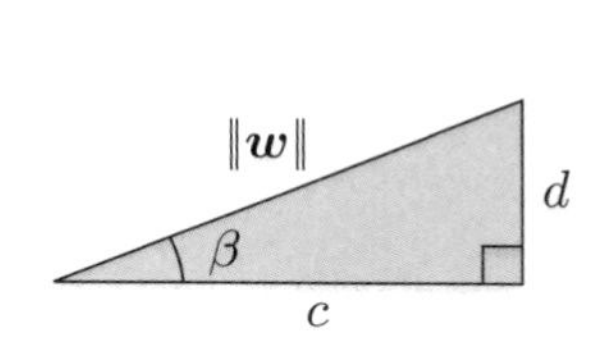

したがって, $(\boldsymbol{v},\boldsymbol{w})$ は $\boldsymbol{w}$ の長さ $\|\boldsymbol{w}\|$ と $\boldsymbol{v}$ の $\boldsymbol{w}$ 方向の長さ $\|\boldsymbol{v}\|\cos\theta$ の積でもある[§]. また, $\cos\dfrac{\pi}{2} = 0$, $\cos 0 = 1$, $\cos\pi = -1$ だから平面ベクトル $\boldsymbol{v}$, $\boldsymbol{w}$ $(\boldsymbol{v},\boldsymbol{w} \neq \boldsymbol{o})$ に対し次が成り立つ.

定理 1.3.

$\boldsymbol{v}$ と $\boldsymbol{w}$ が直交	$\Leftrightarrow$	$\theta = \dfrac{\pi}{2}$	$\Leftrightarrow$	$(\boldsymbol{v},\boldsymbol{w}) = 0$
$\boldsymbol{v}$ と $\boldsymbol{w}$ が平行	$\Leftrightarrow$	$\theta = 0$ もしくは π	$\Leftrightarrow$	$(\boldsymbol{v},\boldsymbol{w}) = \pm\|\boldsymbol{v}\|\,\|\boldsymbol{w}\|$

[§] $\boldsymbol{v}$ の長さ $\|\boldsymbol{v}\|$ と $\boldsymbol{w}$ の $\boldsymbol{v}$ 方向の長さ $\|\boldsymbol{w}\|\cos\theta$ の積でもある.

例題 1.10. 平面ベクトル $\boldsymbol{v} = \begin{bmatrix} 1 \\ 3 \end{bmatrix}$, $\boldsymbol{w} = \begin{bmatrix} -\sqrt{2} \\ 2\sqrt{2} \end{bmatrix}$ について

長さ $\|\boldsymbol{v}\|$, $\|\boldsymbol{w}\|$, 内積 $(\boldsymbol{v}, \boldsymbol{w})$, およびなす角 θ を求めよ．

答. $\|\boldsymbol{v}\| = \sqrt{1^2 + 3^2} = \sqrt{10}$, $\|\boldsymbol{w}\| = \sqrt{(-\sqrt{2})^2 + (2\sqrt{2})^2} = \sqrt{2+8} = \sqrt{10}$,

$(\boldsymbol{v}, \boldsymbol{w}) = 1 \cdot (-\sqrt{2}) + 3 \cdot 2\sqrt{2} = 5\sqrt{2}$. また $\cos\theta = \dfrac{(\boldsymbol{v}, \boldsymbol{w})}{\|\boldsymbol{v}\|\,\|\boldsymbol{w}\|} = \dfrac{5\sqrt{2}}{\sqrt{10} \cdot \sqrt{10}} = \dfrac{1}{\sqrt{2}}$ より $\theta = \dfrac{\pi}{4}$.

例題 1.11. $\boldsymbol{v} = \begin{bmatrix} \sqrt{3} \\ -1 \end{bmatrix}$ とするとき，$(\boldsymbol{v}, \boldsymbol{x}) = 4$ で，長さが 4 である平面ベクトル $\boldsymbol{x}$ を求めよ．

答. $\boldsymbol{x} = \begin{bmatrix} x \\ y \end{bmatrix}$ とおくと, $(\boldsymbol{v}, \boldsymbol{x}) = \sqrt{3}x - y = 4$ より $y = \sqrt{3}x - 4$ となる．よって $\boldsymbol{x}$ は $\begin{bmatrix} a \\ \sqrt{3}a - 4 \end{bmatrix}$ という形をしている．また，長さが 4 なので $\|\boldsymbol{x}\|^2 = (\boldsymbol{x}, \boldsymbol{x}) = a^2 + (3a^2 - 8\sqrt{3}a + 16) = 4^2$, すなわち $4a(a - 2\sqrt{3}) = 0$ だから $a = 0, 2\sqrt{3}$. したがって，$\boldsymbol{x} = \begin{bmatrix} 0 \\ -4 \end{bmatrix}, \begin{bmatrix} 2\sqrt{3} \\ 2 \end{bmatrix}$.

例題 1.12. $\boldsymbol{v} = \begin{bmatrix} 1 \\ -2 \end{bmatrix}$ に垂直で，長さが 1 である平面ベクトル $\boldsymbol{x}$ を求めよ．

答. $\boldsymbol{x} = \begin{bmatrix} x \\ y \end{bmatrix}$ とおくと，$\boldsymbol{v}$ に垂直だから $(\boldsymbol{v}, \boldsymbol{x}) = x - 2y = 0$ より $x = 2y$ となる．よって $\boldsymbol{x}$ は $\begin{bmatrix} 2a \\ a \end{bmatrix}$ という形をしている．また，長さが 1 なので $\|\boldsymbol{x}\|^2 = (\boldsymbol{x}, \boldsymbol{x}) = 4a^2 + a^2 = 5a^2 = 1$ だから $a = \pm\dfrac{1}{\sqrt{5}}$. したがって，$\boldsymbol{x} = \begin{bmatrix} \frac{2}{\sqrt{5}} \\ \frac{1}{\sqrt{5}} \end{bmatrix}, \begin{bmatrix} -\frac{2}{\sqrt{5}} \\ -\frac{1}{\sqrt{5}} \end{bmatrix}$.

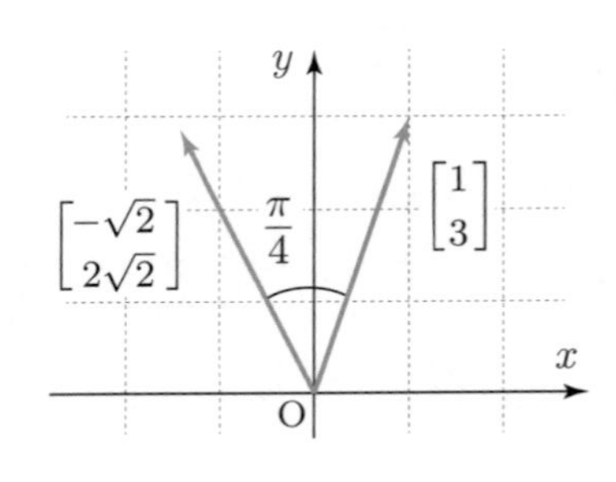

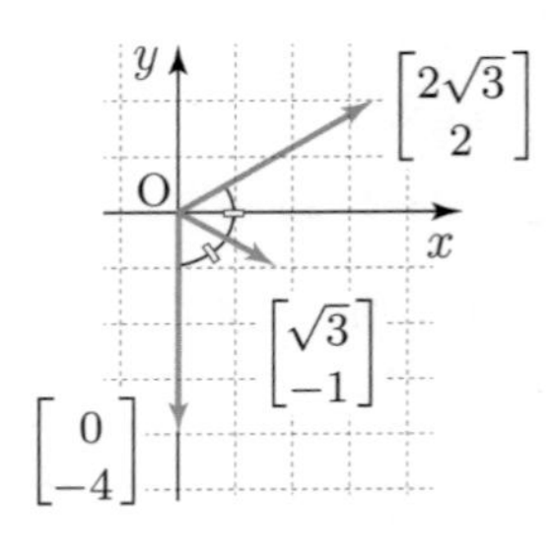

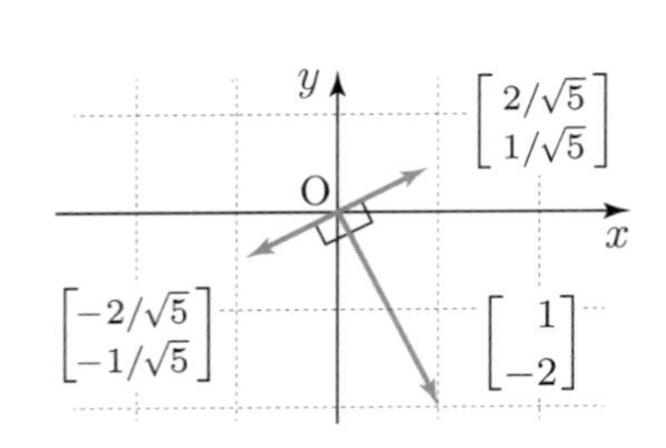

問題 1.1

1. $\boldsymbol{v} = \begin{bmatrix} 1 \\ -2 \end{bmatrix}$, $\boldsymbol{w} = \begin{bmatrix} -3 \\ 1 \end{bmatrix}$ であるとき，次を計算せよ．　(1) $2\boldsymbol{v}$　(2) $-\boldsymbol{v} + \boldsymbol{w}$　(3) $3\boldsymbol{v} - 2\boldsymbol{w}$

2. $\boldsymbol{v} = \begin{bmatrix} 1 \\ 3 \end{bmatrix}$, $\boldsymbol{w} = \begin{bmatrix} 2 \\ 1 \end{bmatrix}$ であるとき，$\boldsymbol{x}$ を求めよ．　(1) $\boldsymbol{x} - \boldsymbol{w} = \boldsymbol{v}$　(2) $2\boldsymbol{x} - \boldsymbol{v} = \boldsymbol{x} + \boldsymbol{v} - \boldsymbol{w}$

3. 次を満たす x, y を求めよ．　(1) $\begin{bmatrix} x \\ y \end{bmatrix} + \begin{bmatrix} 2 \\ -1 \end{bmatrix} = \begin{bmatrix} 3 \\ 2 \end{bmatrix}$　(2) $\begin{bmatrix} x^2 \\ 4y \end{bmatrix} - \begin{bmatrix} 2x \\ 4 \end{bmatrix} = \begin{bmatrix} -1 \\ y^2 \end{bmatrix}$

4. $\boldsymbol{u} = \begin{bmatrix} 7 \\ 9 \end{bmatrix}$ を $\boldsymbol{v} = \begin{bmatrix} 1 \\ 3 \end{bmatrix}$ と $\boldsymbol{w} = \begin{bmatrix} 3 \\ 1 \end{bmatrix}$ の 1 次結合で表せ．

5. 次の平面ベクトル $\boldsymbol{v}, \boldsymbol{w}$ について，長さ $\|\boldsymbol{v}\|$, $\|\boldsymbol{w}\|$, 内積 $(\boldsymbol{v}, \boldsymbol{w})$, およびなす角 θ を求めよ．

   (1) $\boldsymbol{v} = \begin{bmatrix} 1 \\ 0 \end{bmatrix}$,　$\boldsymbol{w} = \begin{bmatrix} 1 \\ \sqrt{3} \end{bmatrix}$　　(2) $\boldsymbol{v} = \begin{bmatrix} 1 \\ 1 \end{bmatrix}$,　$\boldsymbol{w} = \begin{bmatrix} -1 \\ 1 \end{bmatrix}$

   (3) $\boldsymbol{v} = \begin{bmatrix} 2 \\ 1 \end{bmatrix}$,　$\boldsymbol{w} = \begin{bmatrix} -2 \\ -1 \end{bmatrix}$　　(4) $\boldsymbol{v} = \begin{bmatrix} 1 \\ -1 \end{bmatrix}$,　$\boldsymbol{w} = \begin{bmatrix} \sqrt{2} \\ -\sqrt{2} \end{bmatrix}$

6. $\boldsymbol{v} = \begin{bmatrix} 3 \\ 1 \end{bmatrix}$ とするとき，$(\boldsymbol{v}, \boldsymbol{x}) = 5$ で，長さが $\sqrt{5}$ である平面ベクトル $\boldsymbol{x}$ を求めよ．

7. $\boldsymbol{v} = \begin{bmatrix} 3 \\ 4 \end{bmatrix}$ に垂直で，長さが 1 である平面ベクトル $\boldsymbol{x}$ を求めよ．

第 2 章　2 次行列

2.1　行列とその演算

いくつかの数を長方形の形に並べて[ ]や( )で囲み，ひとまとまりに考えたものを**行列**という*．本書では[ ]で囲む．並べられた個々の数をその行列の**成分**という．右のように，行列の横の並びを**行**といい，上から順に第 1 行，第 2 行，... と呼ぶ．また，縦の並びを**列**といい，左から順に第 1 列，第 2 列，... と呼ぶ．行の個数が m，列の個数が n である行列を $m \times n$ 行列といい†，$m \times n$ をその行列の**型**という（右の行列は 3×4 型）．n 次元ベクトルは $n \times 1$ 行列である．行列 A に対し，第 i 行と第 j 列に含まれる成分を (i, j) **成分**といい，a_{ij} と表す‡．このとき $A = [a_{ij}]$ とも書く．型が同じ 2 つの行列 A, B は，対応する成分がすべて等しいとき**等しい**といい，$A = B$ と表す．

	第1列	第2列	第3列	第4列
第 1 行	1	2	−3	1
第 2 行	−2	1	2	0
第 3 行	0	$\sqrt{3}$	0	−2

例題 2.1. 行列 $A = \begin{bmatrix} 1 & \sqrt{3} & -1 \\ 2 & 0 & 4 \end{bmatrix}$ の型と $(2, 1)$ 成分 a_{21} を答えよ．

答．2×3 型，$a_{21} = 2$.

例題 2.2. $\begin{bmatrix} a & 4 \\ 5 & b \\ c & 6 \end{bmatrix} = \begin{bmatrix} 1 & d \\ e & 2 \\ 3 & f \end{bmatrix}$ であるとき，a, b, c, d, e, f を求めよ．

答．$a = 1,\ b = 2,\ c = 3,\ d = 4,\ e = 5,\ f = 6$.

すべての成分が 0 である行列を**零行列**といい，O と表す．$n \times n$ 行列§を（n 次）**正方行列**という．たとえば 2×3 型の零行列は $\begin{bmatrix} 0 & 0 & 0 \\ 0 & 0 & 0 \end{bmatrix}$ であり，$\begin{bmatrix} 1 & 2 \\ 3 & 4 \end{bmatrix}$ は 2 次正方行列である．前半では 2 次正方行列を中心に学ぶ．

n 次正方行列の左上から右下への対角線上の成分を A の**対角成分**という．成分がこの対角線について対称な行列を**対称行列**といい¶，対角成分以外すべて 0 である対称行列を**対角行列**という‖．対角成分がすべて等しい対角行列を**スカラー行列**という（零行列 O はスカラー行列である）．対角成分がすべて 1 であるスカラー行列を**単位行列**といい，E と表す．

---

* 行列はアルファベットの大文字で表すことが多い．
† m 行 n 列の行列ともいう．また，$m \times n$ の $\times$ はそのままにする．例えば 2×3 型を 6 型とはしない．
‡ 行列を表す文字の小文字を使う．たとえば行列 B に対してならば b_{ij} と書く．
§ すなわち，行の個数と列の個数が等しい行列．
¶ すなわち，$a_{ij} = a_{ji}$ である行列 $A = [a_{ij}]$.
‖ すなわち，$a_{ij} = a_{ji} = 0\ (i \neq j)$ である行列 $A = [a_{ij}]$.

正方行列	対称行列	対角行列	スカラー行列		
$\begin{bmatrix} a & b \\ c & d \end{bmatrix}$	$\begin{bmatrix} a & \boxed{b} \\ \boxed{b} & d \end{bmatrix}$	$\begin{bmatrix} a & \boxed{0} \\ \boxed{0} & d \end{bmatrix}$	$\begin{bmatrix} a & \boxed{0} \\ \boxed{0} & a \end{bmatrix}$	$O = \begin{bmatrix} 0 & \boxed{0} \\ \boxed{0} & 0 \end{bmatrix}$	零行列
$\begin{bmatrix} 1 & 2 \\ 3 & 4 \end{bmatrix}$	$\begin{bmatrix} 1 & \boxed{2} \\ \boxed{2} & 3 \end{bmatrix}$	$\begin{bmatrix} 1 & \boxed{0} \\ \boxed{0} & 3 \end{bmatrix}$	$\begin{bmatrix} 3 & \boxed{0} \\ \boxed{0} & 3 \end{bmatrix}$	$E = \begin{bmatrix} 1 & \boxed{0} \\ \boxed{0} & 1 \end{bmatrix}$	単位行列

行列 A に対し，行と列を入れ替えた（第 m 行を第 m 列とした）ものを A の**転置行列**といい，${}^tA$ と表す*．また ${}^t({}^tA) = A$ である．対称行列は ${}^tA = A$ である行列である．例えば 2 次行列の場合 $A = \begin{bmatrix} a & b \\ c & d \end{bmatrix}$ の転置行列は ${}^tA = \begin{bmatrix} a & c \\ b & d \end{bmatrix}$ だから A が対称行列 $\Leftrightarrow b = c \Leftrightarrow {}^tA = A$ となる．

例題 2.3. $A = \begin{bmatrix} 1 & \sqrt{2} & 5 \\ 3 & -1 & 2 \end{bmatrix}$ であるとき，${}^tA$ および ${}^t({}^tA)$ を書け．

答. $A = \begin{bmatrix} 1 & \sqrt{2} & 5 \\ 3 & -1 & 2 \end{bmatrix}$ であるから，${}^tA = \begin{bmatrix} 1 & 3 \\ \sqrt{2} & -1 \\ 5 & 2 \end{bmatrix}$，${}^t({}^tA) = \begin{bmatrix} 1 & \sqrt{2} & 5 \\ 3 & -1 & 2 \end{bmatrix}$ である．

行列 A に対し，すべての成分をある実数 k 倍したものを A の**スカラー倍**といい，kA と表す†．型が同じ2つの行列 A, B に対し，**和** $A+B$ は対応する成分どうしを足したものであり，**差** $A-B$ は対応する成分どうしを引いたものである．

例題 2.4. $A = \begin{bmatrix} 1 & 2 \\ 3 & 4 \end{bmatrix}$, $B = \begin{bmatrix} 4 & 1 \\ -3 & 2 \end{bmatrix}$ であるとき，次を計算せよ．

(1) $2A$ (2) $A+B$ (3) $A-E$ (4) $2A+3B$

答. (1) $2A = \begin{bmatrix} 2\cdot1 & 2\cdot2 \\ 2\cdot3 & 2\cdot4 \end{bmatrix} = \begin{bmatrix} 2 & 4 \\ 6 & 8 \end{bmatrix}$ (2) $A+B = \begin{bmatrix} 1+4 & 2+1 \\ 3-3 & 4+2 \end{bmatrix} = \begin{bmatrix} 5 & 3 \\ 0 & 6 \end{bmatrix}$

(3) $A-E = \begin{bmatrix} 1 & 2 \\ 3 & 4 \end{bmatrix} - \begin{bmatrix} 1 & 0 \\ 0 & 1 \end{bmatrix} = \begin{bmatrix} 0 & 2 \\ 3 & 3 \end{bmatrix}$ (4) $2A+3B = \begin{bmatrix} 2+12 & 4+3 \\ 6-9 & 8+6 \end{bmatrix} = \begin{bmatrix} 14 & 7 \\ -3 & 14 \end{bmatrix}$

例題 2.5. $A = \begin{bmatrix} 1 & 2 \\ 3 & 4 \end{bmatrix}$, $B = \begin{bmatrix} 4 & 1 \\ -3 & 2 \end{bmatrix}$ であるとき，X を求めよ．

(1) $A+X=B$ (2) $3X+A=-3A+2B+X$

答. (1) $X = B-A = \begin{bmatrix} 4 & 1 \\ -3 & 2 \end{bmatrix} - \begin{bmatrix} 1 & 2 \\ 3 & 4 \end{bmatrix} = \begin{bmatrix} 3 & -1 \\ -6 & -2 \end{bmatrix}$ (2) $2X = -4A+2B$ より

$$X = -2A+B = -2\begin{bmatrix} 1 & 2 \\ 3 & 4 \end{bmatrix} + \begin{bmatrix} 4 & 1 \\ -3 & 2 \end{bmatrix} = \begin{bmatrix} -2+4 & -4+1 \\ -6-3 & -8+2 \end{bmatrix} = \begin{bmatrix} 2 & -3 \\ -9 & -6 \end{bmatrix}$$

---

* A が $m \times n$ 型なら ${}^tA$ は $n \times m$ 型となる．

† スカラー行列は単位行列のスカラー倍である．

2つの行列 A, B の積は A の列の個数と B の行の個数が同じ場合に定義される‡．まず

1×2 行列 $A=\begin{bmatrix} a & b \end{bmatrix}$ と 2×1 行列 $B=\begin{bmatrix} x \\ y \end{bmatrix}$ の積を $AB=\begin{bmatrix} a & b \end{bmatrix}\begin{bmatrix} x \\ y \end{bmatrix}=ax+by$ と定義する§．

次に2次正方行列 $A=\begin{bmatrix} a & b \\ c & d \end{bmatrix}$ と 2×1 行列 $B=\begin{bmatrix} x \\ y \end{bmatrix}$ の積は $AB=\begin{bmatrix} a & b \\ c & d \end{bmatrix}\begin{bmatrix} x \\ y \end{bmatrix}=\begin{bmatrix} ax+by \\ cx+dy \end{bmatrix}$

と定義され，2つの2次正方行列 $A=\begin{bmatrix} a & b \\ c & d \end{bmatrix}$ と $B=\begin{bmatrix} x & z \\ y & w \end{bmatrix}$ の積は次のように定義される¶．

$$AB=\begin{bmatrix} a & b \\ c & d \end{bmatrix}\begin{bmatrix} x & z \\ y & w \end{bmatrix}=\begin{bmatrix} \begin{bmatrix} a & b \end{bmatrix}\begin{bmatrix} x \\ y \end{bmatrix} & \begin{bmatrix} a & b \end{bmatrix}\begin{bmatrix} z \\ w \end{bmatrix} \\ \begin{bmatrix} c & d \end{bmatrix}\begin{bmatrix} x \\ y \end{bmatrix} & \begin{bmatrix} c & d \end{bmatrix}\begin{bmatrix} z \\ w \end{bmatrix} \end{bmatrix}=\begin{bmatrix} ax+by & az+bw \\ cx+dy & cz+dw \end{bmatrix}$$

例題 2.6. $A=\begin{bmatrix} 3 & 0 \\ 2 & 1 \end{bmatrix}$, $B=\begin{bmatrix} 4 & 5 \\ 6 & 7 \end{bmatrix}$, $C=\begin{bmatrix} 2 & -1 \\ -1 & 2 \end{bmatrix}$, $\boldsymbol{a}=\begin{bmatrix} 2 \\ 3 \end{bmatrix}$ であるとき，次を計算せよ．

(1) AB　(2) BA　(3) $E\boldsymbol{a}$　(4) EA　(5) AE

(6) ${}^tA\,{}^tB$　(7) ${}^tB\,{}^tA$　(8) ${}^t(AB)$　(9) $(AB)C$　(10) $A(BC)$

解説. (1) $AB=\begin{bmatrix} 3 & 0 \\ 2 & 1 \end{bmatrix}\begin{bmatrix} 4 & 5 \\ 6 & 7 \end{bmatrix}=\begin{bmatrix} \begin{bmatrix} 3 & 0 \end{bmatrix}\begin{bmatrix} 4 \\ 6 \end{bmatrix} & \begin{bmatrix} 3 & 0 \end{bmatrix}\begin{bmatrix} 5 \\ 7 \end{bmatrix} \\ \begin{bmatrix} 2 & 1 \end{bmatrix}\begin{bmatrix} 4 \\ 6 \end{bmatrix} & \begin{bmatrix} 2 & 1 \end{bmatrix}\begin{bmatrix} 5 \\ 7 \end{bmatrix} \end{bmatrix}=\begin{bmatrix} 3\cdot 4+0\cdot 6 & 3\cdot 5+0\cdot 7 \\ 2\cdot 4+1\cdot 6 & 2\cdot 5+1\cdot 7 \end{bmatrix}=\begin{bmatrix} 12 & 15 \\ 14 & 17 \end{bmatrix}$

(2) $BA=\begin{bmatrix} 4 & 5 \\ 6 & 7 \end{bmatrix}\begin{bmatrix} 3 & 0 \\ 2 & 1 \end{bmatrix}=\begin{bmatrix} 4\cdot 3+5\cdot 2 & 4\cdot 0+5\cdot 1 \\ 6\cdot 3+7\cdot 2 & 6\cdot 0+7\cdot 1 \end{bmatrix}=\begin{bmatrix} 22 & 5 \\ 32 & 7 \end{bmatrix}$　(3) $E\boldsymbol{a}=\begin{bmatrix} 1 & 0 \\ 0 & 1 \end{bmatrix}\begin{bmatrix} 2 \\ 3 \end{bmatrix}=\begin{bmatrix} 2 \\ 3 \end{bmatrix}$

(4) $EA=\begin{bmatrix} 1 & 0 \\ 0 & 1 \end{bmatrix}\begin{bmatrix} 3 & 0 \\ 2 & 1 \end{bmatrix}=\begin{bmatrix} 3 & 0 \\ 2 & 1 \end{bmatrix}$　(5) $AE=\begin{bmatrix} 3 & 0 \\ 2 & 1 \end{bmatrix}\begin{bmatrix} 1 & 0 \\ 0 & 1 \end{bmatrix}=\begin{bmatrix} 3 & 0 \\ 2 & 1 \end{bmatrix}$　(6) ${}^tA\,{}^tB=\begin{bmatrix} 22 & 32 \\ 5 & 7 \end{bmatrix}$

(7) ${}^tB\,{}^tA=\begin{bmatrix} 12 & 14 \\ 15 & 17 \end{bmatrix}$　(8) ${}^t(AB)=\begin{bmatrix} 12 & 14 \\ 15 & 17 \end{bmatrix}$　(9) $(AB)C=\begin{bmatrix} 12 & 15 \\ 14 & 17 \end{bmatrix}\begin{bmatrix} 2 & -1 \\ -1 & 2 \end{bmatrix}=\begin{bmatrix} 9 & 18 \\ 11 & 20 \end{bmatrix}$

(10) $BC=\begin{bmatrix} 3 & 6 \\ 5 & 8 \end{bmatrix}$ より $A(BC)=\begin{bmatrix} 3 & 0 \\ 2 & 1 \end{bmatrix}\begin{bmatrix} 3 & 6 \\ 5 & 8 \end{bmatrix}=\begin{bmatrix} 9 & 18 \\ 11 & 20 \end{bmatrix}$

---

‡ ここでは2次正方行列までを扱う．一般の場合は7.1節で学ぶ

§ 2×1 行列は平面ベクトルでもあるから，$\boldsymbol{v}=\begin{bmatrix} a \\ b \end{bmatrix}$, $\boldsymbol{w}=\begin{bmatrix} x \\ y \end{bmatrix}$ とすると $AB={}^t\boldsymbol{v}\boldsymbol{w}=(\boldsymbol{v},\boldsymbol{w})$ とも表せる．

¶ $\boldsymbol{v}_1=\begin{bmatrix} a \\ b \end{bmatrix}$, $\boldsymbol{v}_2=\begin{bmatrix} c \\ d \end{bmatrix}$, $\boldsymbol{w}_1=\begin{bmatrix} x \\ y \end{bmatrix}$, $\boldsymbol{w}_2=\begin{bmatrix} z \\ w \end{bmatrix}$ とすると $AB=\begin{bmatrix} {}^t\boldsymbol{v}_1 \\ {}^t\boldsymbol{v}_2 \end{bmatrix}\begin{bmatrix} \boldsymbol{w}_1 & \boldsymbol{w}_2 \end{bmatrix}=\begin{bmatrix} {}^t\boldsymbol{v}_1\boldsymbol{w}_1 & {}^t\boldsymbol{v}_1\boldsymbol{w}_2 \\ {}^t\boldsymbol{v}_2\boldsymbol{w}_1 & {}^t\boldsymbol{v}_2\boldsymbol{w}_2 \end{bmatrix}$ とも表せる．

例題 2.7. $A = \begin{bmatrix} 3 & 2 \\ 1 & -1 \end{bmatrix}$, $\boldsymbol{a} = \begin{bmatrix} 8 \\ 1 \end{bmatrix}$ であるとき，$A\boldsymbol{x} = \boldsymbol{a}$ を満たす $\boldsymbol{x} = \begin{bmatrix} x \\ y \end{bmatrix}$ を求めよ．

答．$A\boldsymbol{x} = \begin{bmatrix} 3x+2y \\ x-y \end{bmatrix} = \begin{bmatrix} 8 \\ 1 \end{bmatrix}$ より $\begin{cases} 3x+2y = 8 \\ x-\ \ y = 1 \end{cases}$ だから $x = 2,\ y = 1$．よって $\boldsymbol{x} = \begin{bmatrix} 2 \\ 1 \end{bmatrix}$.

$3 \cdot 2 = 2 \cdot 3$ のように，数の場合は掛ける順序を変えても結果は同じだが，例題 2.6 (1), (2) から分かるように行列の場合は一般には異なる．$AB = BA$ が成り立つとき A と B は**可換**という．また例題 2.6 (3)-(5) のように，単位行列 E はどの平面ベクトル $\boldsymbol{x}$ や 2 次正方行列 X に対しても $E\boldsymbol{x} = \boldsymbol{x},\ EX = XE = X$ となる[‖].

そして例題 2.6 (7), (8) のように，積の転置行列については一般に ${}^t(AB) = {}^tB\,{}^tA$ が成り立つ．さらに，例題 2.6 (9), (10) のように，積の結合法則 $(AB)C = A(BC)$ が成り立つので，3 個以上の 2 次正方行列の積はどの順序で計算しても結果は同じである．そこで両辺とも括弧を外して ABC と書く．

整数 $n \geqq 0$ に対して，正方行列 A を n 個掛けたもの $A^n = AA\cdots A$（$n = 0$ のときは $A^0 = E$）を A の**べき**あるいは A の n **乗**という．行列のべきは 4.3 節で学ぶ．

次の例題のように，A, B のどちらも零行列でなくても積 AB が零行列 O となることがある．$A \neq O, B \neq O$ であって $AB = O$ のとき，A, B を**零因子**という．

例題 2.8. $A = \begin{bmatrix} 0 & 1 \\ 0 & 3 \end{bmatrix}$, $B = \begin{bmatrix} 2 & 4 \\ 0 & 0 \end{bmatrix}$ であるとき，AB を計算せよ．

答．$AB = O$

また数の場合，0 でない数 a は $ax = 1$ となる数 x を持つ．行列の場合これは零行列 O でない行列は，掛けると単位行列 E になるような行列（逆行列という．次節で学ぶ）を持つということだが，零行列でないのに逆行列を持たない行列が存在する．たとえば $\begin{bmatrix} 1 & 0 \\ 0 & 0 \end{bmatrix}$ はどのような行列を掛けても $\begin{bmatrix} 1 & 0 \\ 0 & 0 \end{bmatrix}\begin{bmatrix} a & b \\ c & d \end{bmatrix} = \begin{bmatrix} a & b \\ 0 & 0 \end{bmatrix}$ のように，得られる行列は $(2,2)$ 成分が 0 となるので決して単位行列にならない（単位行列の $(2,2)$ 成分は 1）．したがって $\begin{bmatrix} 1 & 0 \\ 0 & 0 \end{bmatrix}$ は逆行列を持たない．

‖ したがって，単位行列 E はどの 2 次正方行列とも可換である．

問題 2.1

1. 次の行列 A, B について，それぞれの型と $(1,2)$ 成分，$(2,1)$ 成分を答えよ．

$$A = \begin{bmatrix} 1 & -2 & \sqrt{3} \\ -1 & 0 & 4 \end{bmatrix} \quad B = \begin{bmatrix} 0 & 4 \\ -2 & 3 \\ \sqrt{2} & -2 \end{bmatrix}$$

2. 前問 1 の行列 A, B の転置行列 ${}^tA$, ${}^tB$ を答えよ．

3. 次を満たす x, y を求めよ． $\begin{bmatrix} x^2 & y^2 \\ 4y & 3x \end{bmatrix} = \begin{bmatrix} 1 & y+2 \\ y^2+4 & x^2+2 \end{bmatrix}$

4. $A = \begin{bmatrix} 1 & 2 \\ -1 & 4 \end{bmatrix}$, $B = \begin{bmatrix} 4 & -2 \\ 3 & 3 \end{bmatrix}$ であるとき，次を計算せよ．

(1) $A+B$　(2) $A-B$　(3) $2A-B$　(4) ${}^tA+B$　(5) $2A-{}^tB$

(6) AB　(7) BA　(8) ${}^tAB$　(9) A^2　(10) A^3

5. $A = \begin{bmatrix} 1 & 2 \\ -1 & 4 \end{bmatrix}$, $B = \begin{bmatrix} 4 & -2 \\ 3 & 3 \end{bmatrix}$ であるとき，X を求めよ．

(1) $2A+X=B$　(2) $2X-4A=2A+3B-X$

6. $A = \begin{bmatrix} 4 & 3 \\ 1 & 1 \end{bmatrix}$, $\boldsymbol{a} = \begin{bmatrix} 5 \\ 1 \end{bmatrix}$ であるとき，$A\boldsymbol{x} = \boldsymbol{a}$ を満たす $\boldsymbol{x} = \begin{bmatrix} x \\ y \end{bmatrix}$ を求めよ．

7. 行列 $A = \begin{bmatrix} 1 & 2 \\ 3 & 4 \end{bmatrix}$, $B = \begin{bmatrix} 5 & 3 \\ 2 & 4 \end{bmatrix}$ について，${}^t(AB)$ および ${}^tB{}^tA$ を計算せよ．

8. 行列 $A = \begin{bmatrix} \sqrt{3} & -1 \\ 1 & \sqrt{3} \end{bmatrix}$, $B = \begin{bmatrix} 1 & -\sqrt{3} \\ \sqrt{3} & 1 \end{bmatrix}$ について，AB および BA を計算せよ．

2.2　2次正方行列の行列式と逆行列

2次正方行列 $A=\begin{bmatrix} a & b \\ c & d \end{bmatrix}$ に対し $ad-bc$ を A の**行列式**といい，$|A|$ もしくは $\det A$, $\begin{vmatrix} a & b \\ c & d \end{vmatrix}$ と表す*．行列式は正方行列に対して与えられる<u>数</u>である．右上図のように図式的に覚えておくとよい（**サラスの方法**という）．

$$\begin{vmatrix} a & b \\ c & d \end{vmatrix} = ad - bc \qquad (-bc \quad +ad)$$

例題 2.9. 行列 $A=\begin{bmatrix} 1 & 2 \\ 3 & 4 \end{bmatrix}$ の行列式を計算せよ．

解説. $\begin{vmatrix} 1 & 2 \\ 3 & 4 \end{vmatrix} = 1\cdot 4 - 2\cdot 3 = -2.$ 　（$-2\cdot 3$　$+1\cdot 4$）

例題 2.10. $A=\begin{bmatrix} 3 & 2 \\ 1 & 2 \end{bmatrix}$, $B=\begin{bmatrix} 2 & -1 \\ -1 & 2 \end{bmatrix}$ であるとき，次を計算せよ．また，$E=\begin{bmatrix} 1 & 0 \\ 0 & 1 \end{bmatrix}$ である．

(1) $|E|$　(2) $|A|$　(3) $|B|$　(4) $|AB|$　(5) $|A+B|$　(6) $|{}^tA|$　(7) $|2E|$　(8) $|2A|$

答．(1) $|E| = 1\cdot 1 - 0\cdot 0 = 1$　(2) $|A| = 3\cdot 2 - 2\cdot 1 = 4$　(3) $|B| = 2\cdot 2 - (-1)(-1) = 3$

(4) $|AB| = \begin{vmatrix} 4 & 1 \\ 0 & 3 \end{vmatrix} = 12$　(5) $|A+B| = \begin{vmatrix} 5 & 1 \\ 0 & 4 \end{vmatrix} = 20$　(6) $|{}^tA| = \begin{vmatrix} 3 & 1 \\ 2 & 2 \end{vmatrix} = 4$

(7) $|2E| = \begin{vmatrix} 2 & 0 \\ 0 & 2 \end{vmatrix} = 4$　(8) $|2A| = \begin{vmatrix} 6 & 4 \\ 2 & 4 \end{vmatrix} = 16 \left(= \begin{vmatrix} 2\cdot 3 & 2\cdot 2 \\ 2\cdot 1 & 2\cdot 2 \end{vmatrix} = 2^2(3\cdot 2 - 2\cdot 1)\right)$

上の例題から分かるように $|A+B| = |A| + |B|$ は一般には成り立たないが，以下は一般の2次正方行列について成り立つ．

定理 2.1. (1) $|AB| = |A|\cdot|B|$　(2) $|{}^tA| = |A|$　(3)† $|kA| = k^2|A|$

正方行列 A に対し，$AB=BA=E$ を満たす正方行列 B が存在するとき，A は**正則**であるという．このときの B を A の**逆行列**といって，A^{-1} と表す．2次正方行列の場合，次のようになる．

定理 2.2. (1) $|A| \neq 0$ ならば A は正則で $A^{-1} = \dfrac{1}{|A|}\begin{bmatrix} d & -b \\ -c & a \end{bmatrix}$

(2)‡ $|A| = 0$ ならば A は正則でない．

上の公式で得られた行列 $B = \dfrac{1}{|A|}\begin{bmatrix} d & -b \\ -c & a \end{bmatrix}$ が A の逆行列であることを確認するには $AB=E$ か $BA=E$ のいずれか一方が成り立つことを示せばよい§．

---

* 通常 $\left|\begin{bmatrix} a & b \\ c & d \end{bmatrix}\right|$ の $[\quad]$ は省略し，$\begin{vmatrix} a & b \\ c & d \end{vmatrix}$ のように書く．det は determinant（行列式）の略である．

† $|kA| = \begin{vmatrix} ka & kb \\ kc & kd \end{vmatrix} = k^2(ad-bc) = k^2|A|$．$A$ が n 次正方行列の場合には $|kA| = k^n|A|$．

‡ $|A|=0$ ならば，どんな2次正方行列 B についても定理 2.1 (1) より $|AB|=|A|\cdot|B|=0\cdot|B|=0\neq 1=|E|$ なので．

§ もし B が $AB=E$ を満たせば $BA=E$ も満たし，$BA=E$ を満たせば $AB=E$ も満たす．

例題 2.11. $A = \begin{bmatrix} 2 & 1 \\ 3 & 2 \end{bmatrix}$, $B = \begin{bmatrix} 1 & 2 \\ -1 & 0 \end{bmatrix}$, $C = \begin{bmatrix} 1 & 2 \\ 2 & 4 \end{bmatrix}$ であるとき，次の行列が正則か否か判定し，正則ならば逆行列を求めよ． (1) A　(2) B　(3) C　(4) AB　(5) ${}^tA$

答. (1) $|A| = 1 \neq 0$ より A は正則で $A^{-1} = \begin{bmatrix} 2 & -1 \\ -3 & 2 \end{bmatrix}$.

確認 $\begin{bmatrix} 2 & -1 \\ -3 & 2 \end{bmatrix}\begin{bmatrix} 2 & 1 \\ 3 & 2 \end{bmatrix} = \begin{bmatrix} 2\cdot 2 + (-1)\,3 & 2\cdot 1 + (-1)\,2 \\ (-3)\,2 + 2\cdot 3 & (-3)\,1 + 2\cdot 2 \end{bmatrix} = \begin{bmatrix} 1 & 0 \\ 0 & 1 \end{bmatrix}$.

(2) $|B| = 2 \neq 0$ より B は正則で $B^{-1} = \dfrac{1}{2}\begin{bmatrix} 0 & -2 \\ 1 & 1 \end{bmatrix}$.

確認 $\dfrac{1}{2}\begin{bmatrix} 0 & -2 \\ 1 & 1 \end{bmatrix}\begin{bmatrix} 1 & 2 \\ -1 & 0 \end{bmatrix} = \dfrac{1}{2}\begin{bmatrix} 0\cdot 1 + (-2)(-1) & 0\cdot 2 + (-2)\,0 \\ 1\cdot 1 + 1\,(-1) & 1\cdot 2 + 1\cdot 0 \end{bmatrix} = \dfrac{1}{2}\begin{bmatrix} 2 & 0 \\ 0 & 2 \end{bmatrix} = \begin{bmatrix} 1 & 0 \\ 0 & 1 \end{bmatrix}$.

(3) $|C| = 0$ より C は正則でない.

(4) $|AB| = \begin{vmatrix} 1 & 4 \\ 1 & 6 \end{vmatrix} = 2 \neq 0$ より AB は正則で $(AB)^{-1} = \dfrac{1}{2}\begin{bmatrix} 6 & -4 \\ -1 & 1 \end{bmatrix}$.

確認 $\dfrac{1}{2}\begin{bmatrix} 6 & -4 \\ -1 & 1 \end{bmatrix}\begin{bmatrix} 1 & 4 \\ 1 & 6 \end{bmatrix} = \dfrac{1}{2}\begin{bmatrix} 6\cdot 1 + (-4)\,1 & 6\cdot 4 + (-4)\,6 \\ (-1)\,1 + 1\cdot 1 & (-1)\,4 + 1\cdot 6 \end{bmatrix} = \dfrac{1}{2}\begin{bmatrix} 2 & 0 \\ 0 & 2 \end{bmatrix} = \begin{bmatrix} 1 & 0 \\ 0 & 1 \end{bmatrix}$.

(5) $|{}^tA| = |A| = 1 \neq 0$ より ${}^tA = \begin{bmatrix} 2 & 3 \\ 1 & 2 \end{bmatrix}$ は正則で $({}^tA)^{-1} = \begin{bmatrix} 2 & -3 \\ -1 & 2 \end{bmatrix}$.

確認 $\begin{bmatrix} 2 & -3 \\ -1 & 2 \end{bmatrix}\begin{bmatrix} 2 & 3 \\ 1 & 2 \end{bmatrix} = \begin{bmatrix} 2\cdot 2 + (-3)\,1 & 2\cdot 3 + (-3)\,2 \\ (-1)\,2 + 2\cdot 1 & (-1)\,3 + 2\cdot 2 \end{bmatrix} = \begin{bmatrix} 1 & 0 \\ 0 & 1 \end{bmatrix}$.

一般に，A が正則なら $|A| \neq 0$ だから，定理 2.1 より $|{}^tA| = |A| \neq 0$ で ${}^tA$ も正則である．さらに B も正則であれば $|B| \neq 0$ だから，同じく定理 2.1 より $|AB| = |A|\cdot|B| \neq 0$ で AB も正則である．このとき，それぞれの逆行列は次のようになる¶（例題 2.11 の A, B で確認せよ）.

定理 2.3. A, B ともに正則であれば ${}^tA$，AB も正則で，それぞれの逆行列は次のようになる．

$$({}^tA)^{-1} = {}^t(A^{-1}), \quad (AB)^{-1} = B^{-1}A^{-1}.$$

例題 2.12. $A = \begin{bmatrix} 2 & 1 \\ 3 & 2 \end{bmatrix}$, $B = \begin{bmatrix} 1 & 2 \\ -1 & 0 \end{bmatrix}$ であるとき，$AX = A + B$ を満たす X を求めよ．

答. 例題 2.11 (1) より A は正則なので，与式の両辺に左から A^{-1} を掛けて

$$X = A^{-1}(A+B) = \begin{bmatrix} 2 & -1 \\ -3 & 2 \end{bmatrix}\begin{bmatrix} 2+1 & 1+2 \\ 3-1 & 2+0 \end{bmatrix} = \begin{bmatrix} 2 & -1 \\ -3 & 2 \end{bmatrix}\begin{bmatrix} 3 & 3 \\ 2 & 2 \end{bmatrix} = \begin{bmatrix} 4 & 4 \\ -5 & -5 \end{bmatrix}$$

¶ 実際，${}^t(A^{-1})\,{}^tA = {}^t(AA^{-1}) = {}^tE = E$ であり，$(B^{-1}A^{-1})AB = B^{-1}(A^{-1}A)B = B^{-1}EB = B^{-1}B = E$.

行列式 $\begin{vmatrix} a & b \\ c & d \end{vmatrix}$ の値の<u>絶対値</u>‖は 2 つのベクトル $\begin{bmatrix} a \\ c \end{bmatrix}$, $\begin{bmatrix} b \\ d \end{bmatrix}$ で定まる平行四辺形 OGHI の面積 S に対応している（下図）．平行四辺形 OGHI は長方形 OJHK から面積 bc の 2 つの長方形と，色を塗られた 4 つの三角形を除いて得られる．4 つの三角形は合同な 2 組に分けられ（下図右）面積の和は $ac+bd$ である．長方形 OJHK の面積は $T=(a+b)(c+d)=ac+ad+bc+bd$ だから $S=T-2bc-(ac+bd)=(ad+bc+ac+bd)-2bc-ac-bd=ad-bc=\begin{vmatrix} a & b \\ c & d \end{vmatrix}$ となる．

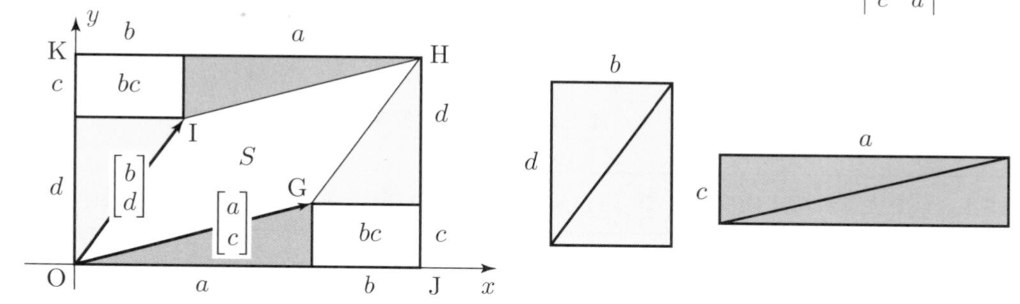

問題 2.2

1. 次の行列 A の行列式を計算せよ．

(1) $A=\begin{bmatrix} 4 & 1 \\ 2 & 3 \end{bmatrix}$　(2) $A=\begin{bmatrix} 2 & -3 \\ -4 & 5 \end{bmatrix}$　(3) $A=\begin{bmatrix} \sqrt{3} & -\sqrt{2} \\ 3\sqrt{2} & \sqrt{3} \end{bmatrix}$　(4) $A=\begin{bmatrix} 3 & 4 \\ 1 & 2 \end{bmatrix}\begin{bmatrix} 8 & 6 \\ 7 & 5 \end{bmatrix}$

(5) $A=\dfrac{1}{3}\begin{bmatrix} 5 & 2 \\ 7 & 4 \end{bmatrix}$　(6) $A=\begin{bmatrix} \lambda-3 & 2 \\ -1 & \lambda \end{bmatrix}$　(7) $A=\begin{bmatrix} \cos\theta & -\sin\theta \\ \sin\theta & \cos\theta \end{bmatrix}$

2. 次の行列 A が正則か否か判定し，正則ならば逆行列を求めよ．

(1) $A=\begin{bmatrix} 1 & 0 \\ 0 & 1 \end{bmatrix}$　(2) $A=\begin{bmatrix} 1 & 2 \\ 2 & 3 \end{bmatrix}$　(3) $A=\begin{bmatrix} 1 & 0 \\ 0 & -1 \end{bmatrix}$　(4) $A=\begin{bmatrix} 2 & -6 \\ 3 & -7 \end{bmatrix}$

(5) $A=\begin{bmatrix} 6 & 3 \\ 14 & 7 \end{bmatrix}$　(6) $A=\begin{bmatrix} \sqrt{3} & -1 \\ 1 & \sqrt{3} \end{bmatrix}$　(7) $A=\begin{bmatrix} 2 & \sqrt{5} \\ \sqrt{5} & 4 \end{bmatrix}$　(8) $A=\begin{bmatrix} \sqrt{2} & 2 \\ \sqrt{3} & \sqrt{6} \end{bmatrix}$

3. 正則行列 $A=\begin{bmatrix} 2 & -1 \\ -1 & 1 \end{bmatrix}$, $B=\begin{bmatrix} 1 & 2 \\ 1 & -1 \end{bmatrix}$ について，次を求めよ．

(1) A^{-1}　(2) B^{-1}　(3) $(AB)^{-1}$　(4) $({}^tA)^{-1}$　(5) $({}^tB)^{-1}$　(6) $({}^t(AB))^{-1}$

4. $A=\begin{bmatrix} 2 & 4 \\ 1 & 3 \end{bmatrix}$, $B=\begin{bmatrix} 6 & 4 \\ 5 & 7 \end{bmatrix}$ であるとき，$AX=B-A$ を満たす X を求めよ．

‖ $\begin{bmatrix} a \\ c \end{bmatrix}$ と $\begin{bmatrix} b \\ d \end{bmatrix}$ が上図の位置にあるとき，$\begin{vmatrix} b & a \\ d & c \end{vmatrix}$ の値は負である．

第3章　1次変換

3.1　1次変換と行列

$\begin{cases} X = 2x + \ \ y \\ Y = \ \ x + 2y \end{cases}$ $\cdots$ ① のように，x と y の1次式で表される関係式によって平面上の点 (x, y) を（別の）平面上の点 (X, Y) に対応させる規則を平面の **1次変換** という*.

例題 3.1. ① で表される1次変換 f で点 $(x, y) = (2, 1)$ に対応する点 (X, Y) を答えよ．

答．$x = 2, y = 1$ を ① に代入すればよいから $(X, Y) = (2 \cdot 2 + 1, 2 + 2 \cdot 1) = (5, 4)$.

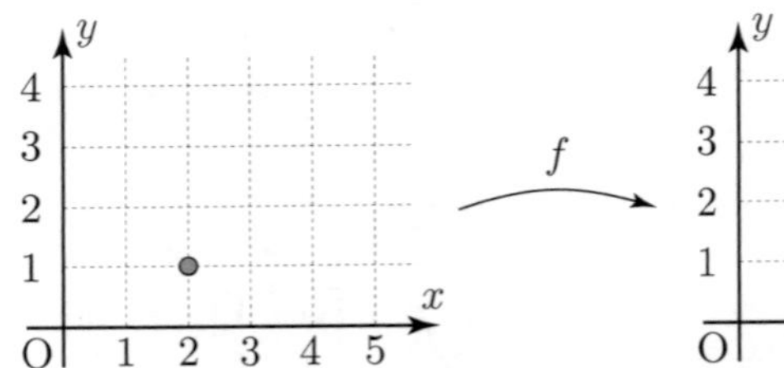

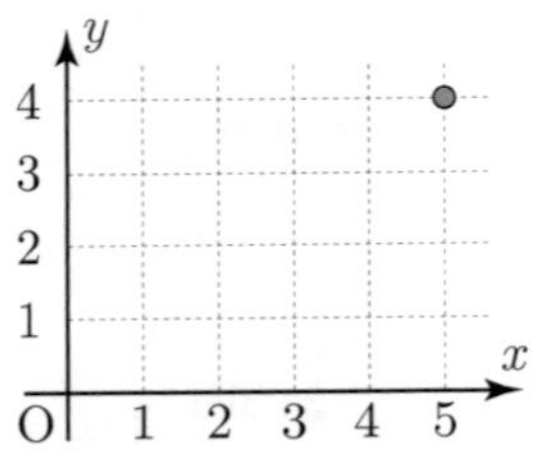

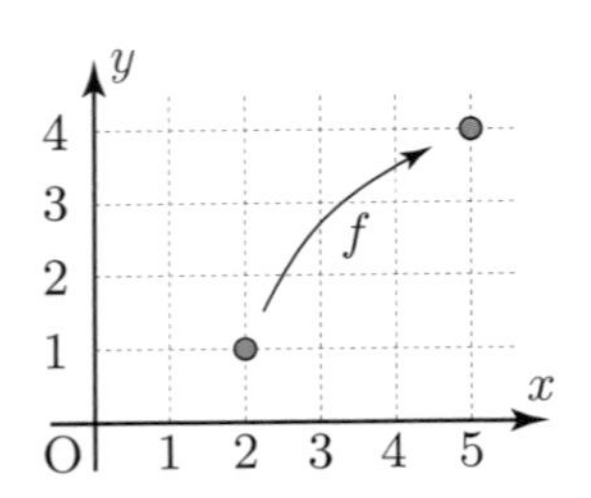

図示する場合，上図左のように別々に描く（もしくは上図右のように1つの平面上に描く）．

1つ次元を下げたものは x の1次式で表される直線の1次変換である．例えば $X = 2x$ で表される1次変換 f で点 $x = 2$ には点 $X = 4$ が対応するが，図示すると下のようになる．

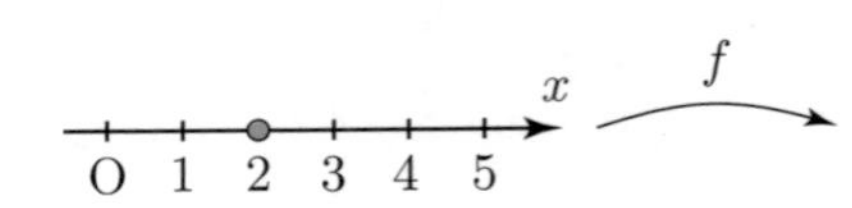

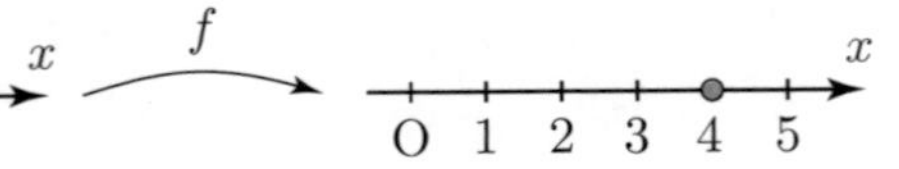

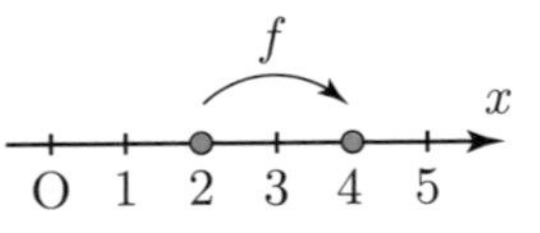

1次変換 f により点 Q′ が点 Q に対応するとき，$\mathrm{Q}' = f(\mathrm{Q})$ と書き Q′ を f による Q の **像** という．上の例では $f(2, 1) = (5, 4)$ である．また，原点 O はどの1次変換によっても原点 O に対応する．

1次変換を与える式，たとえば $\begin{cases} X = 2x + \ \ y \\ Y = \ \ x + 2y \end{cases}$ は行列を用いて $\begin{bmatrix} X \\ Y \end{bmatrix} = \begin{bmatrix} 2 & 1 \\ 1 & 2 \end{bmatrix} \begin{bmatrix} x \\ y \end{bmatrix}$ と書ける．

一般に $\begin{bmatrix} X \\ Y \end{bmatrix} = \begin{bmatrix} a & b \\ c & d \end{bmatrix} \begin{bmatrix} x \\ y \end{bmatrix}$ を行列 $A = \begin{bmatrix} a & b \\ c & d \end{bmatrix}$ **で表される1次変換** f という（f_A とも書く）．

特に零行列 O，単位行列 E で表される1次変換をそれぞれ，**零変換**，**恒等変換** という．

* 一般には次のように書かれる．$\begin{cases} X = ax + by \\ Y = cx + dy \end{cases}$ （a, b, c, d は実数）

ベクトル $\boldsymbol{x}' = \begin{bmatrix} X \\ Y \end{bmatrix}$ を 1 次変換 f によるベクトル $\boldsymbol{x} = \begin{bmatrix} x \\ y \end{bmatrix}$ の**像**といい，$\boldsymbol{x}' = f(\boldsymbol{x})$ と表す．1 次変換を表す行列 A は基本平面ベクトル $\boldsymbol{e}_1, \boldsymbol{e}_2$ の像 $A\boldsymbol{e}_1 = A\begin{bmatrix} 1 \\ 0 \end{bmatrix}$, $A\boldsymbol{e}_2 = A\begin{bmatrix} 0 \\ 1 \end{bmatrix}$ を横に並べた行列である．たとえば，上の例では $A\boldsymbol{e}_1 = \begin{bmatrix} 2 \\ 1 \end{bmatrix}$, $A\boldsymbol{e}_2 = \begin{bmatrix} 1 \\ 2 \end{bmatrix}$ だから $A = \begin{bmatrix} 2 & 1 \\ 1 & 2 \end{bmatrix}$ である．

例題 3.2. x 軸方向に α 倍，y 軸方向に β 倍するような 1 次変換 f を表す行列 A を求めよ．

答．$A\boldsymbol{e}_1 = A\begin{bmatrix} 1 \\ 0 \end{bmatrix} = \begin{bmatrix} \alpha \\ 0 \end{bmatrix}$, $A\boldsymbol{e}_2 = A\begin{bmatrix} 0 \\ 1 \end{bmatrix} = \begin{bmatrix} 0 \\ \beta \end{bmatrix}$ だから $A = \begin{bmatrix} \alpha & 0 \\ 0 & \beta \end{bmatrix}$ である．

上の例題 f において $\alpha = 3, \beta = 2$ の場合図の正方形 S の像 S' は右のようになる．また，$\alpha = \beta\ (> 0)$ のとき f を**相似変換**という．

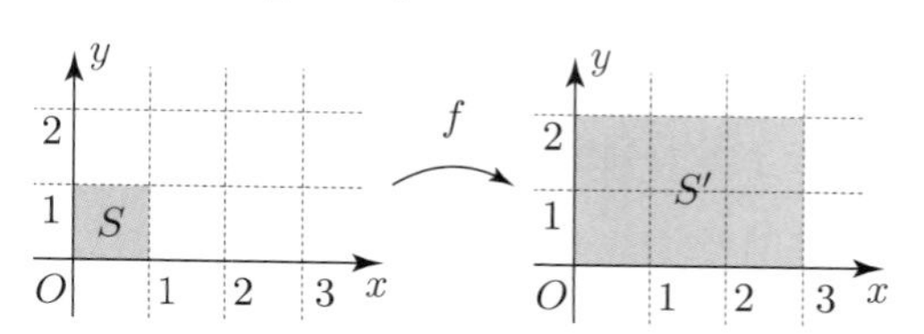

下図左は x **軸に関する対称変換**を，下図中央は y **軸に関する対称変換**を，そして下図右は原点 O のまわりの θ の**回転変換**を表している[†]．

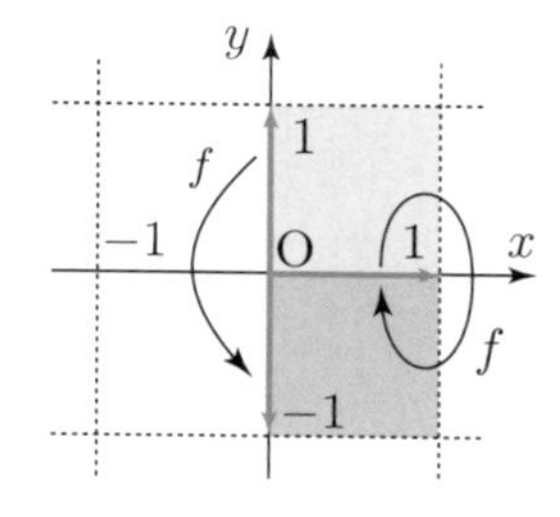

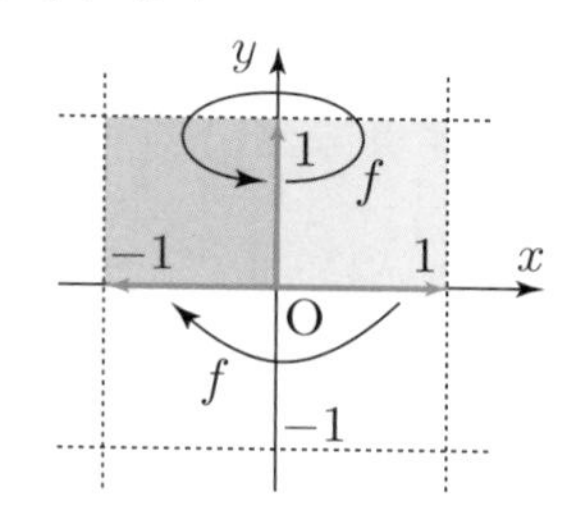

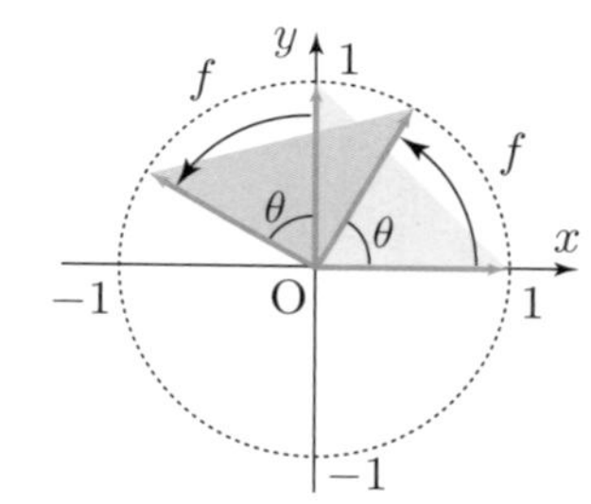

例題 3.3. 次の 1 次変換を表す行列 A を求めよ．

(1) x 軸に関する対称変換　(2) y 軸に関する対称変換　(3) 原点 O のまわりの $\dfrac{\pi}{3}$ の回転変換

答．(1) $A\boldsymbol{e}_1 = A\begin{bmatrix} 1 \\ 0 \end{bmatrix} = \begin{bmatrix} 1 \\ 0 \end{bmatrix}$, $A\boldsymbol{e}_2 = A\begin{bmatrix} 0 \\ 1 \end{bmatrix} = \begin{bmatrix} 0 \\ -1 \end{bmatrix}$ だから $A = \begin{bmatrix} 1 & 0 \\ 0 & -1 \end{bmatrix}$ である．

(2) $A\boldsymbol{e}_1 = A\begin{bmatrix} 1 \\ 0 \end{bmatrix} = \begin{bmatrix} -1 \\ 0 \end{bmatrix}$, $A\boldsymbol{e}_2 = A\begin{bmatrix} 0 \\ 1 \end{bmatrix} = \begin{bmatrix} 0 \\ 1 \end{bmatrix}$ だから $A = \begin{bmatrix} -1 & 0 \\ 0 & 1 \end{bmatrix}$ である．

(3) $A\boldsymbol{e}_1 = A\begin{bmatrix} 1 \\ 0 \end{bmatrix} = \begin{bmatrix} \cos\dfrac{\pi}{3} \\ \sin\dfrac{\pi}{3} \end{bmatrix} = \begin{bmatrix} 1/2 \\ \sqrt{3}/2 \end{bmatrix}$, $A\boldsymbol{e}_2 = A\begin{bmatrix} 0 \\ 1 \end{bmatrix} = \begin{bmatrix} -\sin\dfrac{\pi}{3} \\ \cos\dfrac{\pi}{3} \end{bmatrix} = \begin{bmatrix} -\sqrt{3}/2 \\ 1/2 \end{bmatrix}$

だから $A = \begin{bmatrix} \cos\dfrac{\pi}{3} & -\sin\dfrac{\pi}{3} \\ \sin\dfrac{\pi}{3} & \cos\dfrac{\pi}{3} \end{bmatrix} = \begin{bmatrix} 1/2 & -\sqrt{3}/2 \\ \sqrt{3}/2 & 1/2 \end{bmatrix}$ である．

一般に原点 O のまわりの θ の回転変換を表す行列は $\begin{bmatrix} \cos\theta & -\sin\theta \\ \sin\theta & \cos\theta \end{bmatrix}$ で，**回転行列**と呼ぶ．

[†] 反時計回りを正の回転とする．

例題 3.4. 行列 $A = \begin{bmatrix} \sqrt{3}/2 & -1/2 \\ 1/2 & \sqrt{3}/2 \end{bmatrix}$ は原点 O のまわりの θ の回転変換を表す．このとき，θ を求めよ．ただし，$-\pi < \theta \leqq \pi$ とする．

答．A は回転行列だから，ある θ について $\begin{bmatrix} \sqrt{3}/2 & -1/2 \\ 1/2 & \sqrt{3}/2 \end{bmatrix} = \begin{bmatrix} \cos\theta & -\sin\theta \\ \sin\theta & \cos\theta \end{bmatrix}$ となる．そこで $\cos\theta = \dfrac{\sqrt{3}}{2}$，$\sin\theta = \dfrac{1}{2}$ を解くと $\theta = \dfrac{\pi}{6} + 2n\pi$（$n$ は整数）だが $-\pi < \theta \leqq \pi$ より $\theta = \dfrac{\pi}{6}$．

1次変換 f, g に対し，$f(\boldsymbol{x}) = \boldsymbol{x}'$, $g(\boldsymbol{x}') = \boldsymbol{x}''$ であるとき $\boldsymbol{x}$ に $\boldsymbol{x}''$ を対応させる1次変換を f と g の**合成変換**といい，$g \circ f$ と表す．また，

$$\boldsymbol{x} \xrightarrow{f} \boldsymbol{x}' \xrightarrow{g} \boldsymbol{x}'' \quad (g \circ f : \boldsymbol{x} \to \boldsymbol{x}'')$$

f, g を表す行列が A, B であるとき，$\boldsymbol{x}' = A\boldsymbol{x}$ だから $\boldsymbol{x}'' = B\boldsymbol{x}' = B(A\boldsymbol{x}) = (BA)\boldsymbol{x}$ より行列 BA が合成変換 $g \circ f$ を表す．

例題 3.5. f を x 軸に関する対称変換，g を原点 O のまわりの $\dfrac{\pi}{3}$ の回転変換とするとき次の合成変換を表す行列を求めよ．　(1) $g \circ f$　(2) $f \circ g$

答．例題 3.3 より，f, g を表す行列 A, B は $A = \begin{bmatrix} 1 & 0 \\ 0 & -1 \end{bmatrix}$, $B = \begin{bmatrix} 1/2 & -\sqrt{3}/2 \\ \sqrt{3}/2 & 1/2 \end{bmatrix}$ だから順に BA, AB を求めればよい．(1) $\begin{bmatrix} 1/2 & \sqrt{3}/2 \\ \sqrt{3}/2 & -1/2 \end{bmatrix}$ (2) $\begin{bmatrix} 1/2 & -\sqrt{3}/2 \\ -\sqrt{3}/2 & -1/2 \end{bmatrix}$

問題 3.1

1. 次式で表される1次変換 f による点 Q の像 Q$'$ を求めよ．

(1) $\begin{cases} X = x - 2y \\ Y = x - y \end{cases}$　Q(1, 1)　(2) $\begin{cases} X = 2x - y \\ Y = -x + y \end{cases}$　Q(2, 1)

2. 次の角度 θ について，原点 O のまわりの θ の回転変換を表す行列 A を求めよ．

(1) $\theta = \dfrac{\pi}{4}$　(2) $\theta = -\dfrac{\pi}{3}$　(3) $\theta = \dfrac{2}{3}\pi$　(4) $\theta = \dfrac{3}{4}\pi$

3. 次の行列 A は原点 O のまわりの θ の回転変換を表す．このとき θ を求めよ．ただし，$-\pi < \theta \leqq \pi$ とする．

(1) $A = \begin{bmatrix} \dfrac{\sqrt{3}}{2} & \dfrac{1}{2} \\ -\dfrac{1}{2} & \dfrac{\sqrt{3}}{2} \end{bmatrix}$　(2) $A = \begin{bmatrix} -\dfrac{\sqrt{3}}{2} & -\dfrac{1}{2} \\ \dfrac{1}{2} & -\dfrac{\sqrt{3}}{2} \end{bmatrix}$　(3) $A = \begin{bmatrix} -\dfrac{1}{\sqrt{2}} & \dfrac{1}{\sqrt{2}} \\ -\dfrac{1}{\sqrt{2}} & -\dfrac{1}{\sqrt{2}} \end{bmatrix}$

4. f を y 軸に関する対称変換，g を原点 O のまわりの $\dfrac{2}{3}\pi$ の回転変換とするとき次の合成変換を表す行列を求めよ．　(1) $g \circ f$　(2) $f \circ g$

3.2　1次変換による曲線の像

平面の図形上の全ての点の1次変換 f による像を集めたものを，その図形の f による**像**という．まず正則でない[*] 行列 $\begin{bmatrix} 1 & 3 \\ 2 & 6 \end{bmatrix}$ で表される1次変換による像を考えよう．

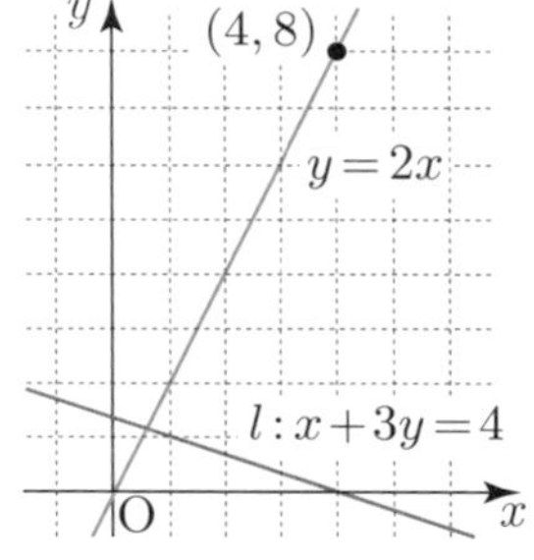

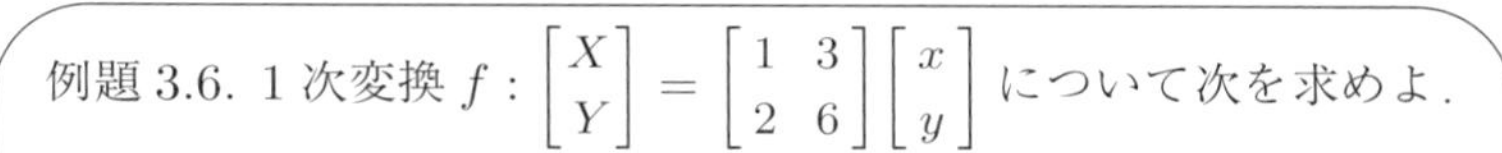

例題 3.6. 1次変換 $f:\begin{bmatrix} X \\ Y \end{bmatrix}=\begin{bmatrix} 1 & 3 \\ 2 & 6 \end{bmatrix}\begin{bmatrix} x \\ y \end{bmatrix}$ について次を求めよ．

(1) 点 $\mathrm{P}(1,1)$ の像　　(2) 点 $\mathrm{Q}(-2,2)$ の像

(3) 直線 $l: x+3y=4$ の像　　(4) 平面の像

答. (1) $\begin{bmatrix} X \\ Y \end{bmatrix}=\begin{bmatrix} 1 & 3 \\ 2 & 6 \end{bmatrix}\begin{bmatrix} 1 \\ 1 \end{bmatrix}=\begin{bmatrix} 4 \\ 8 \end{bmatrix}$ より点 $(4,8)$.　(2) $\begin{bmatrix} X \\ Y \end{bmatrix}=\begin{bmatrix} 1 & 3 \\ 2 & 6 \end{bmatrix}\begin{bmatrix} -2 \\ 2 \end{bmatrix}=\begin{bmatrix} 4 \\ 8 \end{bmatrix}$ より点 $(4,8)$.

(3) 直線 l 上の点は $(4-3a,a)$ と表されるので $\begin{bmatrix} X \\ Y \end{bmatrix}=\begin{bmatrix} 1 & 3 \\ 2 & 6 \end{bmatrix}\begin{bmatrix} 4-3a \\ a \end{bmatrix}=\begin{bmatrix} 4 \\ 8 \end{bmatrix}$ より点 $(4,8)$.

(4) $\begin{bmatrix} X \\ Y \end{bmatrix}=\begin{bmatrix} x+3y \\ 2(x+3y) \end{bmatrix}$ だから $Y=2X$ となり，求める像は直線 $y=2x$.

このように，正則でない行列で表される1次変換による平面の像は原点Oを通る直線となる[†]．一方，正則行列 A で表される1次変換 f による像は平面全体となり，A^{-1} で表される1次変換（**逆変換**といい，f^{-1} と表す）によって，像の平面上の点 (X,Y) は元の平面上の点 (x,y) に移る．

例題 3.7. 正則行列 $A=\begin{bmatrix} 1 & 1 \\ 2 & 4 \end{bmatrix}$ で表される1次変換 $f:\begin{bmatrix} X \\ Y \end{bmatrix}=A\begin{bmatrix} x \\ y \end{bmatrix}$ による

直線 $l: x+2y=1$ の像 l' を求めよ．

解説. 逆変換 f^{-1} を考えると $\begin{bmatrix} x \\ y \end{bmatrix}=A^{-1}\begin{bmatrix} X \\ Y \end{bmatrix}=\dfrac{1}{2}\begin{bmatrix} 4 & -1 \\ -2 & 1 \end{bmatrix}\begin{bmatrix} X \\ Y \end{bmatrix}$, $\begin{cases} x=2X-\dfrac{1}{2}Y \\ y=-X+\dfrac{1}{2}Y \end{cases}$ となる．

直線 l' 上の点 (X,Y) の f^{-1} による像 $(x,y)=\left(2X-\dfrac{1}{2}Y,-X+\dfrac{1}{2}Y\right)$ は $x+2y=1$ を満たすので $\left(2X-\dfrac{1}{2}Y\right)+2\left(-X+\dfrac{1}{2}Y\right)=1$, つまり $Y=2$ より $l': y=2$ を得る[‡]．

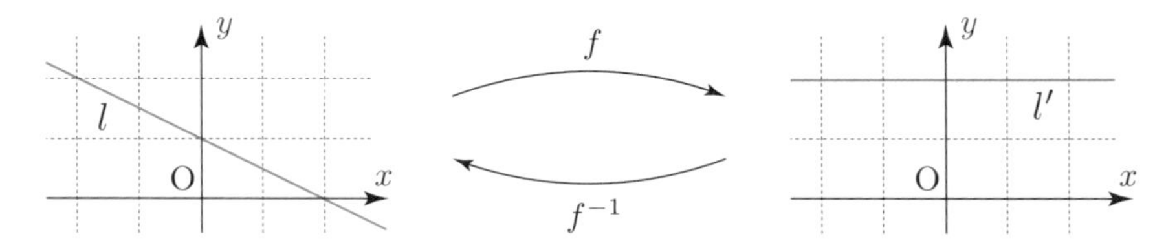

---

[*] $\begin{vmatrix} 1 & 3 \\ 2 & 6 \end{vmatrix}=0$

[†] 零行列は除く．この場合の平面の像は原点O．また，$\begin{bmatrix} a & b \\ pa & pb \end{bmatrix}$ $(a,b,p\neq 0)$ で表される1次変換では平面の像は直線 $y=px$ であり，直線 $ax+by=q$ の像は点 (q,pq) である．

[‡] 逆変換 f^{-1} があるので f による l の像は l' 全体である．

例題 3.8. 行列 $A=\begin{bmatrix}1 & -2\\ 1 & -1\end{bmatrix}$ で表される1次変換 f による曲線 $C: x^2+y^2=1$ の像 C' を求めよ．

解説．$|A|=1\neq 0$ より A は正則だから，例題3.7と同様に逆変換 f^{-1} を考えて

$\begin{bmatrix}x\\ y\end{bmatrix}=A^{-1}\begin{bmatrix}X\\ Y\end{bmatrix}=\begin{bmatrix}-1 & 2\\ -1 & 1\end{bmatrix}\begin{bmatrix}X\\ Y\end{bmatrix}$, $\begin{cases}x=-X+2Y\\ y=-X+\ \ Y\end{cases}$ を得る．曲線 C' 上の点 (X,Y) の f^{-1} による像 $(x,y)=(-X+2Y,-X+Y)$ は $x^2+y^2=1$ を満たすので $(-X+2Y)^2+(-X+Y)^2=1$，つまり $2X^2-6XY+5Y^2=1$ より $C': 2x^2-6xy+5y^2=1$ を得る§.

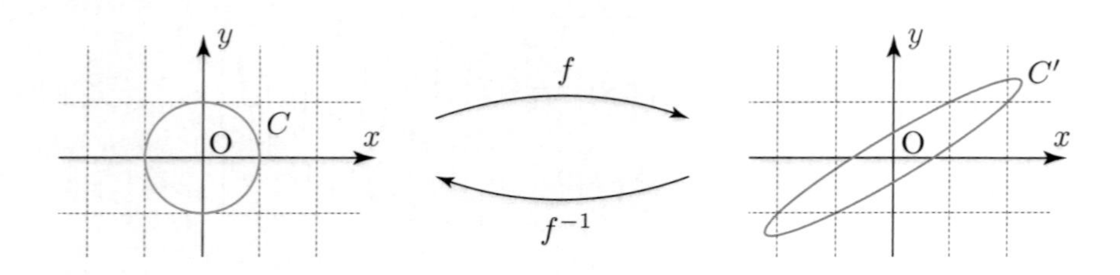

例題 3.9. 曲線 $C: x^2+2y^2=4$ を，原点Oのまわりに $\dfrac{\pi}{6}$ だけ回転させた曲線 C' の式を求めよ．

答．原点Oのまわりの $\dfrac{\pi}{6}$ の回転変換を表す行列を A とすると $A=\begin{bmatrix}\frac{\sqrt{3}}{2} & -\frac{1}{2}\\ \frac{1}{2} & \frac{\sqrt{3}}{2}\end{bmatrix}$ で，

$|A|=1\neq 0$ より A は正則だから¶ f の逆変換 f^{-1} を考えて $\begin{bmatrix}x\\ y\end{bmatrix}=A^{-1}\begin{bmatrix}X\\ Y\end{bmatrix}=\begin{bmatrix}\frac{\sqrt{3}}{2} & \frac{1}{2}\\ -\frac{1}{2} & \frac{\sqrt{3}}{2}\end{bmatrix}\begin{bmatrix}X\\ Y\end{bmatrix}$,

すなわち $\begin{cases}x=\frac{\sqrt{3}}{2}X+\frac{1}{2}Y\\ y=-\frac{1}{2}X+\frac{\sqrt{3}}{2}Y\end{cases}$ を得る．これを与式に代入して $5X^2-2\sqrt{3}XY+7Y^2=16$ より

$C': 5x^2-2\sqrt{3}xy+7y^2=16$ を得る．

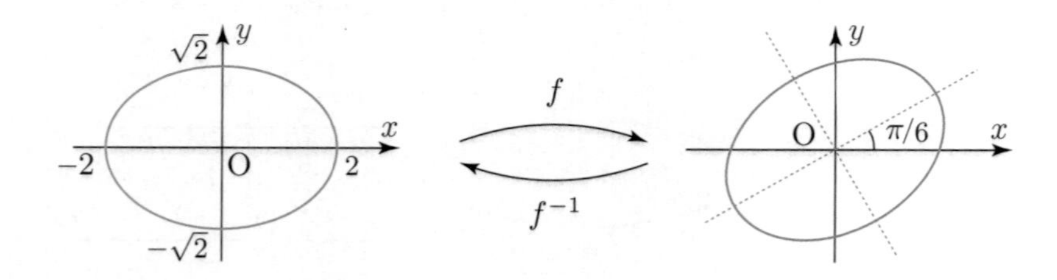

§ 逆変換 f^{-1} があるので f による C の像は C' 全体である．

¶ 回転行列 $A=\begin{bmatrix}\cos\theta & -\sin\theta\\ \sin\theta & \cos\theta\end{bmatrix}$ は $|A|=\cos^2\theta+\sin^2\theta=1$ だから正則である．
また，逆行列 A^{-1} は原点Oのまわりの $-\theta$ の回転変換を表す行列である．

問題 3.2

1. 次の行列 A で表される 1 次変換 f による点 Q の像 Q′ と曲線 C の像 C' を求めよ．

(1) $A = \begin{bmatrix} 2 & 1 \\ 1 & 1 \end{bmatrix}$　　Q$(1, 1)$　　$C : 3x^2 + y^2 = 4$

(2) $A = \begin{bmatrix} 1 & 2 \\ 1 & 3 \end{bmatrix}$　　Q$(1, -1)$　　$C : 2x^2 - 3y^2 = 1$

(3) $A = \begin{bmatrix} 2 & 2 \\ 2 & 3 \end{bmatrix}$　　Q$(2, -1)$　　$C : x^2 + y^2 = 1$

(4) $A = \begin{bmatrix} \dfrac{\sqrt{3}}{2} & -\dfrac{1}{2} \\ \dfrac{1}{2} & \dfrac{\sqrt{3}}{2} \end{bmatrix}$　　Q$(1, \sqrt{3})$　　$C : x^2 - y^2 = 1$

2. 点 Q$(1, \sqrt{3})$ を，原点 O のまわりに $\dfrac{\pi}{3}$ だけ回転させた点 Q′ の座標を求めよ．

3. 曲線 $C : 2x^2 + y^2 = 1$ を，原点 O のまわりに $\dfrac{3}{4}\pi$ だけ回転させた曲線 C' の式を求めよ．

第 4 章　2 次正方行列の対角化とその応用

正方行列 A に対して，うまく正則行列 P をとると $P^{-1}AP$ が対角行列になることがある．このとき，正方行列 A は正則行列 P で**対角化**されるという．正方行列が常に対角化されるとは限らないが* 対角化は線形代数学において重要な概念で本書を通じて学ぶ．まず，対角化において中心的な役割を果たす固有値と固有ベクトルを学ぶ．

4.1　2 次正方行列の固有値と固有ベクトル

例題 4.1. 次の行列 A で表される 1 次変換 f_A によるベクトル $\boldsymbol{v}$ の像 $\boldsymbol{v}'$ を求めよ．

$$(1)\ A=\begin{bmatrix}-1 & 2\\ -4 & 5\end{bmatrix},\quad \boldsymbol{v}=\begin{bmatrix}1\\2\end{bmatrix}\qquad (2)\ A=\begin{bmatrix}-3 & 2\\ -2 & 2\end{bmatrix},\quad \boldsymbol{v}=\begin{bmatrix}2\\1\end{bmatrix}$$

答. $(1)\ \boldsymbol{v}'=A\boldsymbol{v}=\begin{bmatrix}-1 & 2\\ -4 & 5\end{bmatrix}\begin{bmatrix}1\\2\end{bmatrix}=\begin{bmatrix}3\\6\end{bmatrix}=3\boldsymbol{v}$　$(2)\ \boldsymbol{v}'=A\boldsymbol{v}=\begin{bmatrix}-3 & 2\\ -2 & 2\end{bmatrix}\begin{bmatrix}2\\1\end{bmatrix}=\begin{bmatrix}-4\\-2\end{bmatrix}=-2\boldsymbol{v}$

上の例題のように，正方行列 A に対し実数 λ とベクトル $\boldsymbol{v}\ (\neq \boldsymbol{o})$ が $A\boldsymbol{v}=\lambda\boldsymbol{v}$ を満たすとき* λ を A の**固有値**，$\boldsymbol{v}$ を固有値 λ に属する A の**固有ベクトル**という．ここで，固有ベクトル $\boldsymbol{v}$ は A で表される 1 次変換によって λ が正であれば同じ向きのベクトルに，λ が負であれば反対向きのベクトルに移ることに注意†.

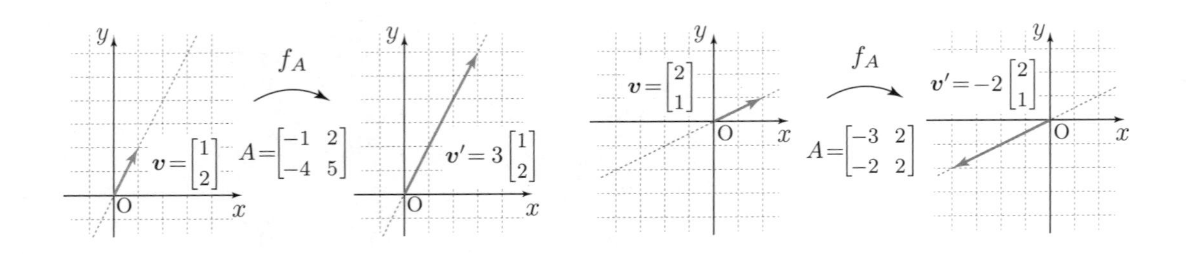

---

* 例えば $A=\begin{bmatrix}0 & 1\\ 0 & 0\end{bmatrix}$ はどんな正則行列 $P=\begin{bmatrix}p & q\\ r & s\end{bmatrix}$ についても $P^{-1}AP=\dfrac{1}{ps-qr}\begin{bmatrix}rs & s^2\\ -r^2 & -rs\end{bmatrix}$ は対角行列にならない．なぜなら $ps-qr\neq 0$ なので r か s は 0 でないからである．

* 零ベクトル $\boldsymbol{o}$ は $A\boldsymbol{o}=\lambda\boldsymbol{o}\ (=\boldsymbol{o})$ を満たすが，我々が知りたいのは A で不変な方向なので $\boldsymbol{o}$ は除外する．

† 固有値は 0 であることもある．$\begin{bmatrix}6 & 3\\ -6 & -3\end{bmatrix}\begin{bmatrix}1\\-2\end{bmatrix}=\boldsymbol{o}=0\begin{bmatrix}1\\-2\end{bmatrix}$.

まず固有値を求めよう．固有値を求めるには次を利用する．

定理 4.1. λ が $A=\begin{bmatrix} a & b \\ c & d \end{bmatrix}$ の固有値 $\Leftrightarrow$ λ は $|\lambda E - A| = 0$ を満たす．

$|\lambda E - A| = 0$ を A の**固有方程式**という．つまり固有値を求めるには固有方程式を解けばよい．

例題 4.2. 行列 $A=\begin{bmatrix} 0 & 2 \\ -1 & 3 \end{bmatrix}$ の固有値を求めよ．

解説． $\lambda E - A = \lambda\begin{bmatrix} 1 & 0 \\ 0 & 1 \end{bmatrix} - \begin{bmatrix} 0 & 2 \\ -1 & 3 \end{bmatrix} = \begin{bmatrix} \lambda & -2 \\ 1 & \lambda-3 \end{bmatrix}$ だから $|\lambda E - A| = \begin{vmatrix} \lambda & -2 \\ 1 & \lambda-3 \end{vmatrix}$

$= \lambda(\lambda-3)+2 = \lambda^2-3\lambda+2 = (\lambda-2)(\lambda-1) = 0$ を解いて求める固有値は $2, 1$ である．

確認 $|2E - A| = \begin{vmatrix} 2 & -2 \\ 1 & -1 \end{vmatrix} = 0,\quad |E - A| = \begin{vmatrix} 1 & -2 \\ 1 & -2 \end{vmatrix} = 0.$

次に固有値 λ に属する固有ベクトル $\boldsymbol{x}$ を求めるには連立1次方程式 $A\boldsymbol{x} = \lambda\boldsymbol{x}$ を解けばよい．

例題 4.3. 固有値 2 に属する行列 $A=\begin{bmatrix} 0 & 2 \\ -1 & 3 \end{bmatrix}$ の固有ベクトルを求めよ．

解説． $A\boldsymbol{x} = 2\boldsymbol{x}$ となる $\boldsymbol{x} = \begin{bmatrix} x \\ y \end{bmatrix}$ $(\boldsymbol{x} \neq \boldsymbol{o})$ を求める． $A\boldsymbol{x} = 2\boldsymbol{x},\ \begin{bmatrix} 0 & 2 \\ -1 & 3 \end{bmatrix}\begin{bmatrix} x \\ y \end{bmatrix} = \begin{bmatrix} 2x \\ 2y \end{bmatrix}$,

$\begin{cases} 2y = 2x \\ -x+3y = 2y \end{cases}$ より $y = x$ なので $x = a\ (a \neq 0)$ とおくと‡ $\boldsymbol{x} = \begin{bmatrix} a \\ a \end{bmatrix} = a\begin{bmatrix} 1 \\ 1 \end{bmatrix}$ である．

確認 $A\boldsymbol{x} = \begin{bmatrix} 0 & 2 \\ -1 & 3 \end{bmatrix}\begin{bmatrix} a \\ a \end{bmatrix} = \begin{bmatrix} 2a \\ 2a \end{bmatrix} = 2\boldsymbol{x}$

注意 4.1. 1つの固有値に属する固有ベクトルは無数にある．

例えば例題 4.3 では，$a\begin{bmatrix} 1 \\ 1 \end{bmatrix}$ の a は 0 以外どのような実数でもよいので

$\begin{bmatrix} 1 \\ 1 \end{bmatrix}$ も $\begin{bmatrix} -1 \\ -1 \end{bmatrix}$ も $\begin{bmatrix} 3 \\ 3 \end{bmatrix}$ も固有値 2 に属する $A=\begin{bmatrix} 0 & 2 \\ -1 & 3 \end{bmatrix}$ の固有ベクトルである．

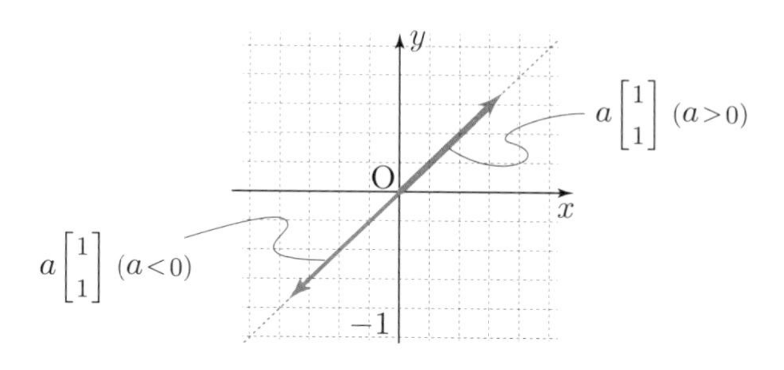

‡ $\boldsymbol{x} \neq \boldsymbol{o}$ なので $a \neq 0$ とする．

例題 4.4. 行列 $A = \begin{bmatrix} 4 & 0 \\ 1 & 2 \end{bmatrix}$ の固有値と固有ベクトルを求めよ．

解説．$\lambda E - A = \lambda \begin{bmatrix} 1 & 0 \\ 0 & 1 \end{bmatrix} - \begin{bmatrix} 4 & 0 \\ 1 & 2 \end{bmatrix} = \begin{bmatrix} \lambda - 4 & 0 \\ -1 & \lambda - 2 \end{bmatrix}$ だから

$|\lambda E - A| = \begin{vmatrix} \lambda - 4 & 0 \\ -1 & \lambda - 2 \end{vmatrix} = (\lambda - 4)(\lambda - 2) = 0$ を解いて，求める固有値は $4, 2$ である．

固有値 4 に属する固有ベクトル $\boldsymbol{x} = \begin{bmatrix} x \\ y \end{bmatrix}$ は $A\boldsymbol{x} = 4\boldsymbol{x}$，すなわち $\begin{bmatrix} 4 & 0 \\ 1 & 2 \end{bmatrix}\begin{bmatrix} x \\ y \end{bmatrix} = \begin{bmatrix} 4x \\ 4y \end{bmatrix}$

を解いて $\begin{cases} 4x = 4x \\ x + 2y = 4y \end{cases}$，$\begin{cases} x = x \\ 2y = x \end{cases}$ より $2y = x$ だから[§] $\boldsymbol{x} = \begin{bmatrix} 2a \\ a \end{bmatrix} = a\begin{bmatrix} 2 \\ 1 \end{bmatrix}$ $(a \neq 0)$.

固有値 2 に属する固有ベクトル $\boldsymbol{y} = \begin{bmatrix} x \\ y \end{bmatrix}$ は $A\boldsymbol{y} = 2\boldsymbol{y}$，すなわち $\begin{bmatrix} 4 & 0 \\ 1 & 2 \end{bmatrix}\begin{bmatrix} x \\ y \end{bmatrix} = \begin{bmatrix} 2x \\ 2y \end{bmatrix}$

を解いて $\begin{cases} 4x = 2x \\ x + 2y = 2y \end{cases}$ より $x = 0$ だから[¶] $\boldsymbol{y} = \begin{bmatrix} 0 \\ b \end{bmatrix} = b\begin{bmatrix} 0 \\ 1 \end{bmatrix}$ $(b \neq 0)$.

確認 $|4E - A| = \begin{vmatrix} 0 & 0 \\ -1 & -2 \end{vmatrix} = 0$, $\quad A\boldsymbol{x} = \begin{bmatrix} 4 & 0 \\ 1 & 2 \end{bmatrix}\begin{bmatrix} 2a \\ a \end{bmatrix} = \begin{bmatrix} 8a \\ 4a \end{bmatrix} = 4\boldsymbol{x}$

$|2E - A| = \begin{vmatrix} -2 & 0 \\ -1 & 0 \end{vmatrix} = 0$, $\quad A\boldsymbol{y} = \begin{bmatrix} 4 & 0 \\ 1 & 2 \end{bmatrix}\begin{bmatrix} 0 \\ b \end{bmatrix} = \begin{bmatrix} 0 \\ 2b \end{bmatrix} = 2\boldsymbol{y}$

問題 4.1

1. 次の行列 A の固有値を求めよ．

(1) $A = \begin{bmatrix} 0 & 3 \\ 3 & 0 \end{bmatrix}$　(2) $A = \begin{bmatrix} 1 & 5 \\ 6 & 2 \end{bmatrix}$　(3) $A = \begin{bmatrix} 2 & 3 \\ -3 & -4 \end{bmatrix}$　(4) $A = \begin{bmatrix} 1 & \sqrt{5} \\ \sqrt{5} & -3 \end{bmatrix}$

(5) $A = \begin{bmatrix} 8 & 3 \\ 2 & 6 \end{bmatrix}$　(6) $A = \begin{bmatrix} -1 & -3 \\ 3 & 5 \end{bmatrix}$　(7) $A = \begin{bmatrix} 1 & 2\sqrt{2} \\ \sqrt{2} & 3 \end{bmatrix}$　(8) $A = \begin{bmatrix} 1 & 3 \\ 3 & 2 \end{bmatrix}$

2. 次の行列 A について、与えられた固有値 λ に属する固有ベクトルを求めよ．

(1) $A = \begin{bmatrix} 2 & 3 \\ 3 & 2 \end{bmatrix}$　$\lambda = 5$　　(2) $A = \begin{bmatrix} 1 & 2\sqrt{3} \\ \sqrt{3} & 2 \end{bmatrix}$　$\lambda = -1$

3. 次の行列 A の固有値と固有ベクトルを求めよ．

(1) $A = \begin{bmatrix} 0 & 3 \\ 3 & 0 \end{bmatrix}$　(2) $A = \begin{bmatrix} 1 & 5 \\ 6 & 2 \end{bmatrix}$　(3) $A = \begin{bmatrix} 1 & \sqrt{5} \\ \sqrt{5} & -3 \end{bmatrix}$　(4) $A = \begin{bmatrix} 1 & -2 \\ 3 & -4 \end{bmatrix}$

(5) $A = \begin{bmatrix} 1 & 3 \\ 4 & 2 \end{bmatrix}$　(6) $A = \begin{bmatrix} 5 & 3 \\ 3 & 5 \end{bmatrix}$　(7) $A = \begin{bmatrix} -2 & -10 \\ 0 & 3 \end{bmatrix}$　(8) $A = \begin{bmatrix} 0 & \sqrt{3} \\ \sqrt{3} & 2 \end{bmatrix}$

[§] $x = x$ は常に成り立つから，あってもなくても変わらない条件であることに注意（下の $y = y$ も同様）．
[¶] 条件は $x = 0$ だけだから y はどんな実数でもよい．

4.2　2 次正方行列の対角化

2 次正方行列 A の固有値が α, β であるとき，それぞれに属する（無数の）固有ベクトルから 1 つずつ $\boldsymbol{v}=\begin{bmatrix} p \\ q \end{bmatrix}$, $\boldsymbol{w}=\begin{bmatrix} r \\ s \end{bmatrix}$ と選んで $P=\begin{bmatrix} p & r \\ q & s \end{bmatrix}$ とおくと P は正則行列であり，$P^{-1}AP$ は対角行列 $\begin{bmatrix} \alpha & 0 \\ 0 & \beta \end{bmatrix}$ になる．実際，$\boldsymbol{v}, \boldsymbol{w}$ はそれぞれ固有値 α, β に属する固有ベクトルだから $A\begin{bmatrix} p \\ q \end{bmatrix}=\alpha\begin{bmatrix} p \\ q \end{bmatrix}$, $A\begin{bmatrix} r \\ s \end{bmatrix}=\beta\begin{bmatrix} r \\ s \end{bmatrix}$ である．これをまとめて書くと次のようになる（確認せよ）．

$$A\begin{bmatrix} p & r \\ q & s \end{bmatrix}=\begin{bmatrix} p & r \\ q & s \end{bmatrix}\begin{bmatrix} \alpha & 0 \\ 0 & \beta \end{bmatrix}$$

したがって，$P=\begin{bmatrix} p & r \\ q & s \end{bmatrix}$ だから $AP=P\begin{bmatrix} \alpha & 0 \\ 0 & \beta \end{bmatrix}$ より $P^{-1}AP=\begin{bmatrix} \alpha & 0 \\ 0 & \beta \end{bmatrix}$ を得る．

注意 4.2.　$P=\begin{bmatrix} r & p \\ s & q \end{bmatrix}$ とおくと $P^{-1}AP=\begin{bmatrix} \beta & 0 \\ 0 & \alpha \end{bmatrix}$ となる．このように，2 次正方行列を対角化して得られる対角行列は 2 通りある*．しかし解答では通常 1 通りしか書かれないので注意が必要である．ちなみに $\begin{bmatrix} p \\ q \end{bmatrix}$, $\begin{bmatrix} r \\ s \end{bmatrix}$ の選び方は無数にあるので（注意 4.1）P の選び方は無数にあるが，こちらも通常 1 通りしか書かれない．

例題 4.5.　行列 $A=\begin{bmatrix} 4 & 0 \\ 1 & 2 \end{bmatrix}$ を対角化せよ．

解説．まず例題 4.4 より A の固有値は 4, 2 で，それぞれに属する固有ベクトルは $a\begin{bmatrix} 2 \\ 1 \end{bmatrix}$ $(a \neq 0)$, $b\begin{bmatrix} 0 \\ 1 \end{bmatrix}$ $(b \neq 0)$ である．ここで $a=1, b=1$ である固有ベクトル $\begin{bmatrix} 2 \\ 1 \end{bmatrix}$, $\begin{bmatrix} 0 \\ 1 \end{bmatrix}$ を選んで† $P=\begin{bmatrix} 2 & 0 \\ 1 & 1 \end{bmatrix}$ とすれば $P^{-1}AP$ は対角行列 $\begin{bmatrix} 4 & 0 \\ 0 & 2 \end{bmatrix}$ になる‡．

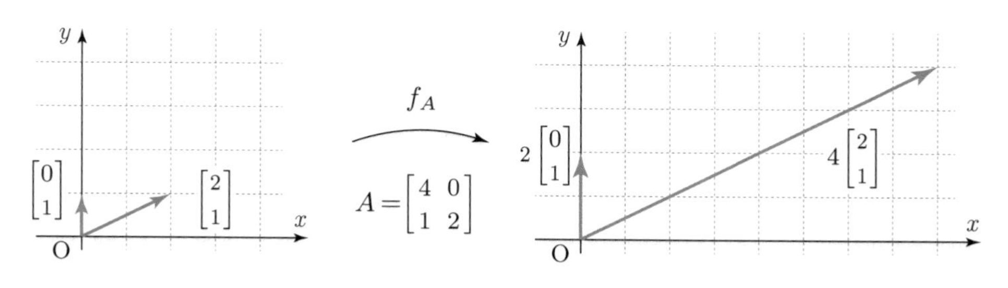

* 対角化できる対角でない 2 次正方行列は固有方程式が重解を持たないので $\alpha \neq \beta$ である．
また，固有方程式が複素数解を持つ場合（$\pm E$ 以外の回転行列など）は本書では取り扱わない．

† a, b として 0 以外のどの実数を選んでもよい．

‡ $a=2, b=3$ の場合 $P=\begin{bmatrix} 4 & 0 \\ 2 & 3 \end{bmatrix}$ とすれば $P^{-1}AP=\begin{bmatrix} 4 & 0 \\ 0 & 2 \end{bmatrix}$, $P=\begin{bmatrix} 0 & 4 \\ 3 & 2 \end{bmatrix}$ とすれば $P^{-1}AP=\begin{bmatrix} 2 & 0 \\ 0 & 4 \end{bmatrix}$ となる．

また，A を対角化する正則行列 P が正しく得られたことを確認するには得られた対角行列を B として $|P| \neq 0$ と $AP = PB$ が成り立つことを確認すればよい[§].

例題 4.6. 行列 $A = \begin{bmatrix} 1 & 1 \\ 2 & 0 \end{bmatrix}$ を対角化せよ．

答．$|\lambda E - A| = \begin{vmatrix} \lambda-1 & -1 \\ -2 & \lambda \end{vmatrix} = \lambda^2 - \lambda - 2 = (\lambda-2)(\lambda+1) = 0$ より固有値は $2, -1$.

固有値 2 に属する固有ベクトル $\boldsymbol{x} = \begin{bmatrix} x \\ y \end{bmatrix}$ は $A\boldsymbol{x} = 2\boldsymbol{x}$, すなわち $\begin{bmatrix} 1 & 1 \\ 2 & 0 \end{bmatrix}\begin{bmatrix} x \\ y \end{bmatrix} = \begin{bmatrix} 2x \\ 2y \end{bmatrix}$

を解いて $\begin{cases} x + y = 2x \\ 2x = 2y \end{cases}$ より $y = x$ だから $\boldsymbol{x} = \begin{bmatrix} a \\ a \end{bmatrix} = a\begin{bmatrix} 1 \\ 1 \end{bmatrix}$ $(a \neq 0)$.

固有値 -1 に属する固有ベクトル $\boldsymbol{y} = \begin{bmatrix} x \\ y \end{bmatrix}$ は $A\boldsymbol{y} = -\boldsymbol{y}$, すなわち $\begin{bmatrix} 1 & 1 \\ 2 & 0 \end{bmatrix}\begin{bmatrix} x \\ y \end{bmatrix} = \begin{bmatrix} -x \\ -y \end{bmatrix}$

を解いて $\begin{cases} x + y = -x \\ 2x = -y \end{cases}$ より $y = -2x$ だから $\boldsymbol{y} = \begin{bmatrix} b \\ -2b \end{bmatrix} = b\begin{bmatrix} 1 \\ -2 \end{bmatrix}$ $(b \neq 0)$.

そこで $P = \begin{bmatrix} 1 & 1 \\ 1 & -2 \end{bmatrix}$ とすれば $P^{-1}AP = \begin{bmatrix} 2 & 0 \\ 0 & -1 \end{bmatrix}$ となる[¶].

確認　$|P| = \begin{vmatrix} 1 & 1 \\ 1 & -2 \end{vmatrix} = -3 \neq 0$ であり, $B = \begin{bmatrix} 2 & 0 \\ 0 & -1 \end{bmatrix}$ として

$AP = \begin{bmatrix} 1 & 1 \\ 2 & 0 \end{bmatrix}\begin{bmatrix} 1 & 1 \\ 1 & -2 \end{bmatrix} = \begin{bmatrix} 2 & -1 \\ 2 & 2 \end{bmatrix}$, $PB = \begin{bmatrix} 1 & 1 \\ 1 & -2 \end{bmatrix}\begin{bmatrix} 2 & 0 \\ 0 & -1 \end{bmatrix} = \begin{bmatrix} 2 & -1 \\ 2 & 2 \end{bmatrix}$ より $AP = PB$.

問題 4.2

1. 次の行列 A を対角化せよ．

(1) $A = \begin{bmatrix} 1 & 0 \\ -4 & -1 \end{bmatrix}$　(2) $A = \begin{bmatrix} 2 & 1 \\ 3 & 0 \end{bmatrix}$　(3) $A = \begin{bmatrix} 1 & 2 \\ -1 & 4 \end{bmatrix}$　(4) $A = \begin{bmatrix} 3 & 2 \\ 1 & 4 \end{bmatrix}$

(5) $A = \begin{bmatrix} 1 & 2 \\ 2 & 4 \end{bmatrix}$　(6) $A = \begin{bmatrix} -3 & 5 \\ 1 & 1 \end{bmatrix}$　(7) $A = \begin{bmatrix} 4 & -2 \\ 3 & -3 \end{bmatrix}$　(8) $A = \begin{bmatrix} 2 & -6 \\ 3 & -7 \end{bmatrix}$

[§] $|P| \neq 0$ より P^{-1} が存在するので，$AP = PB$ であれば両辺左から P^{-1} を掛けて $P^{-1}AP = B$ が分かる．

[¶] $P = \begin{bmatrix} 1 & 1 \\ -2 & 1 \end{bmatrix}$ とすれば $P^{-1}AP = \begin{bmatrix} -1 & 0 \\ 0 & 2 \end{bmatrix}$ となる．

4.3　2 次正方行列のべき

例題 4.7. $A=\begin{bmatrix}3&0\\0&2\end{bmatrix}$ であるとき，A^3 を計算せよ．

答．$A^2=\begin{bmatrix}3&0\\0&2\end{bmatrix}\begin{bmatrix}3&0\\0&2\end{bmatrix}=\begin{bmatrix}3^2&0\\0&2^2\end{bmatrix}$，$A^3=A^2A=\begin{bmatrix}3^2&0\\0&2^2\end{bmatrix}\begin{bmatrix}3&0\\0&2\end{bmatrix}=\begin{bmatrix}3^3&0\\0&2^3\end{bmatrix}$．

同様に対角行列の n 乗は $\begin{bmatrix}a&0\\0&b\end{bmatrix}^n=\begin{bmatrix}a^n&0\\0&b^n\end{bmatrix}$ となる．一般の行列 A でも A を対角化する正則行列 P があればこのことを利用して n 乗を計算することができる．$B=P^{-1}AP$ であるとき，

$$B^2=B\,B=(P^{-1}AP)\,(P^{-1}AP)=P^{-1}A\,(PP^{-1})AP=P^{-1}A\,EAP=P^{-1}A^2P$$

$$B^3=B^2B=(P^{-1}A^2P)(P^{-1}AP)=P^{-1}A^2(PP^{-1})AP=P^{-1}A^2EAP=P^{-1}A^3P$$

から分かるように $B^n=P^{-1}A^nP$ となる．したがって $A^n=PB^nP^{-1}$ を得る*．

例題 4.8. $A=\begin{bmatrix}1&-2\\1&4\end{bmatrix}$ であるとき，正の整数 n に対し A^n を計算せよ．

答．$|\lambda E-A|=\begin{vmatrix}\lambda-1&2\\-1&\lambda-4\end{vmatrix}=(\lambda-3)(\lambda-2)=0$ より固有値は $3,2$．

固有値 3 に属する固有ベクトル $\boldsymbol{x}=\begin{bmatrix}x\\y\end{bmatrix}$ は $A\boldsymbol{x}=3\boldsymbol{x}$, すなわち $\begin{bmatrix}1&-2\\1&4\end{bmatrix}\begin{bmatrix}x\\y\end{bmatrix}=\begin{bmatrix}3x\\3y\end{bmatrix}$

を解いて $\begin{cases}x-2y=3x\\x+4y=3y\end{cases}$ より $y=-x$ だから $\boldsymbol{x}=\begin{bmatrix}-a\\a\end{bmatrix}=a\begin{bmatrix}-1\\1\end{bmatrix}$ $(a\neq 0)$．

固有値 2 に属する固有ベクトル $\boldsymbol{y}=\begin{bmatrix}x\\y\end{bmatrix}$ は $\boldsymbol{y}=2\boldsymbol{y}$, すなわち $\begin{bmatrix}1&-2\\1&4\end{bmatrix}\begin{bmatrix}x\\y\end{bmatrix}=\begin{bmatrix}2x\\2y\end{bmatrix}$

を解いて $\begin{cases}x-2y=2x\\x+4y=2y\end{cases}$ より $2y=-x$ だから $\boldsymbol{y}=\begin{bmatrix}-2b\\b\end{bmatrix}=b\begin{bmatrix}-2\\1\end{bmatrix}$ $(b\neq 0)$．

そこで $P=\begin{bmatrix}-1&-2\\1&1\end{bmatrix}$ とすれば $P^{-1}AP=\begin{bmatrix}3&0\\0&2\end{bmatrix}$ となる．また，$P^{-1}=\begin{bmatrix}1&2\\-1&-1\end{bmatrix}$ だから

$$A^n=P(P^{-1}AP)^nP^{-1}=\begin{bmatrix}-1&-2\\1&1\end{bmatrix}\begin{bmatrix}3^n&0\\0&2^n\end{bmatrix}\begin{bmatrix}1&2\\-1&-1\end{bmatrix}=\begin{bmatrix}-3^n+2^{n+1}&-2\cdot 3^n+2^{n+1}\\3^n-2^n&2\cdot 3^n-2^n\end{bmatrix}.$$

問題 4.3

1. 次の行列 A について，正の整数 n に対し A^n を計算せよ．

(1) $A=\begin{bmatrix}0&2\\-1&3\end{bmatrix}$　(2) $A=\begin{bmatrix}3&0\\-8&-1\end{bmatrix}$　(3) $A=\begin{bmatrix}5&\sqrt{3}\\\sqrt{3}&3\end{bmatrix}$　(4) $A=\begin{bmatrix}5&2\\2&2\end{bmatrix}$

* $A^n=P^{-1}B^nP$ としないように注意．

4.4 数列への応用

例題 4.9. 行列の対角化を用いて，次のように定められた数列 $\{a_n\}$, $\{b_n\}$ の一般項を求めよ．

$$a_1 = 1, \quad b_1 = 1, \quad \begin{cases} a_{n+1} = a_n - 2b_n \\ b_{n+1} = a_n + 4b_n \end{cases} \quad (n = 1, 2, 3, \ldots)$$

解説．与えられた漸化式は行列を使って次のように表される：$\begin{bmatrix} a_{n+1} \\ b_{n+1} \end{bmatrix} = \begin{bmatrix} 1 & -2 \\ 1 & 4 \end{bmatrix}\begin{bmatrix} a_n \\ b_n \end{bmatrix}$.

そこで $A = \begin{bmatrix} 1 & -2 \\ 1 & 4 \end{bmatrix}$ とおくと次のようになる ($n \geqq 2$).

$$\begin{bmatrix} a_n \\ b_n \end{bmatrix} = A\begin{bmatrix} a_{n-1} \\ b_{n-1} \end{bmatrix} = A^2\begin{bmatrix} a_{n-2} \\ b_{n-2} \end{bmatrix} = \cdots = A^{n-1}\begin{bmatrix} a_1 \\ b_1 \end{bmatrix}.$$

例題 4.8 から $P = \begin{bmatrix} -1 & -2 \\ 1 & 1 \end{bmatrix}$ とすれば $P^{-1}AP = \begin{bmatrix} 3 & 0 \\ 0 & 2 \end{bmatrix}$ となり，また，$P^{-1} = \begin{bmatrix} 1 & 2 \\ -1 & -1 \end{bmatrix}$ だから

$$A^{n-1} = P(P^{-1}AP)^{n-1}P^{-1} = \begin{bmatrix} -1 & -2 \\ 1 & 1 \end{bmatrix}\begin{bmatrix} 3^{n-1} & 0 \\ 0 & 2^{n-1} \end{bmatrix}\begin{bmatrix} 1 & 2 \\ -1 & -1 \end{bmatrix} = \begin{bmatrix} -3^{n-1}+2^n & -2\cdot 3^{n-1}+2^n \\ 3^{n-1}-2^{n-1} & 2\cdot 3^{n-1}-2^{n-1} \end{bmatrix}.$$

すると条件より $a_1 = 1, b_1 = 1$ なので

$$\begin{bmatrix} a_n \\ b_n \end{bmatrix} = \begin{bmatrix} -3^{n-1}+2^n & -2\cdot 3^{n-1}+2^n \\ 3^{n-1}-2^{n-1} & 2\cdot 3^{n-1}-2^{n-1} \end{bmatrix}\begin{bmatrix} 1 \\ 1 \end{bmatrix} = \begin{bmatrix} -3\cdot 3^{n-1}+2\cdot 2^n \\ 3\cdot 3^{n-1}-2\cdot 2^{n-1} \end{bmatrix} = \begin{bmatrix} -3^n+2^{n+1} \\ 3^n-2^n \end{bmatrix}$$

以上は $n \geqq 2$ に対してだが，$n = 1$ についても $\begin{bmatrix} -3^1+2^{1+1} \\ 3^1-2^1 \end{bmatrix} = \begin{bmatrix} -3+4 \\ 3-2 \end{bmatrix} = \begin{bmatrix} 1 \\ 1 \end{bmatrix} = \begin{bmatrix} a_1 \\ b_1 \end{bmatrix}$

より成り立つ．したがって一般項は次のようになる．$\begin{cases} a_n = -3^n + 2^{n+1} \\ b_n = 3^n - 2^n \end{cases}$

例題 4.10. 行列の対角化を用いて，次のように定められた数列 $\{a_n\}$ の一般項を求めよ．

$$a_1 = 2, \quad a_2 = 3, \quad a_{n+2} = 5a_{n+1} - 6a_n \quad (n = 1, 2, 3, \ldots)$$

解説．例題 4.9 のように行列を使って解いてみよう．与えられた漸化式に $a_{n+1} = a_{n+1}$ という当たり前の式を加えると $\begin{cases} a_{n+2} = 5a_{n+1} - 6a_n \\ a_{n+1} = a_{n+1} + 0a_n \end{cases}$ だから $\begin{bmatrix} a_{n+2} \\ a_{n+1} \end{bmatrix} = \begin{bmatrix} 5 & -6 \\ 1 & 0 \end{bmatrix}\begin{bmatrix} a_{n+1} \\ a_n \end{bmatrix}$ となる．

そこで $A = \begin{bmatrix} 5 & -6 \\ 1 & 0 \end{bmatrix}$ とおけば次のようになる ($n \geqq 2$).

$$\begin{bmatrix} a_{n+1} \\ a_n \end{bmatrix} = A\begin{bmatrix} a_n \\ a_{n-1} \end{bmatrix} = A^2\begin{bmatrix} a_{n-1} \\ a_{n-2} \end{bmatrix} = \cdots = A^{n-1}\begin{bmatrix} a_2 \\ a_1 \end{bmatrix}.$$

ここで A^{n-1} を求めよう．$|\lambda E - A| = \begin{vmatrix} \lambda - 5 & 6 \\ -1 & \lambda \end{vmatrix} = (\lambda - 3)(\lambda - 2) = 0$ より固有値は $3, 2$.

固有値 3 に属する固有ベクトル $\boldsymbol{x}=\begin{bmatrix} x \\ y \end{bmatrix}$ は $A\boldsymbol{x}=3\boldsymbol{x}$, すなわち $\begin{bmatrix} 5 & -6 \\ 1 & 0 \end{bmatrix}\begin{bmatrix} x \\ y \end{bmatrix}=\begin{bmatrix} 3x \\ 3y \end{bmatrix}$

を解いて $\begin{cases} 5x-6y=3x \\ x=3y \end{cases}$ より $3y=x$ だから $\boldsymbol{x}=\begin{bmatrix} 3a \\ a \end{bmatrix}=a\begin{bmatrix} 3 \\ 1 \end{bmatrix}$ $(a\neq 0)$.

固有値 2 に属する固有ベクトル $\boldsymbol{y}=\begin{bmatrix} x \\ y \end{bmatrix}$ は $\boldsymbol{y}=2\boldsymbol{y}$, すなわち $\begin{bmatrix} 5 & -6 \\ 1 & 0 \end{bmatrix}\begin{bmatrix} x \\ y \end{bmatrix}=\begin{bmatrix} 2x \\ 2y \end{bmatrix}$

を解いて $\begin{cases} 5x-6y=2x \\ x=2y \end{cases}$ より $2y=x$ だから $\boldsymbol{y}=\begin{bmatrix} 2b \\ b \end{bmatrix}=b\begin{bmatrix} 2 \\ 1 \end{bmatrix}$ $(b\neq 0)$.

そこで $P=\begin{bmatrix} 3 & 2 \\ 1 & 1 \end{bmatrix}$ とすれば $P^{-1}AP=\begin{bmatrix} 3 & 0 \\ 0 & 2 \end{bmatrix}$ となり，また，$P^{-1}=\begin{bmatrix} 1 & -2 \\ -1 & 3 \end{bmatrix}$ だから

$$A^{n-1}=P(P^{-1}AP)^{n-1}P^{-1}=\begin{bmatrix} 3 & 2 \\ 1 & 1 \end{bmatrix}\begin{bmatrix} 3^{n-1} & 0 \\ 0 & 2^{n-1} \end{bmatrix}\begin{bmatrix} 1 & -2 \\ -1 & 3 \end{bmatrix}=\begin{bmatrix} 3^n-2^n & 3\cdot 2^n-2\cdot 3^n \\ 3^{n-1}-2^{n-1} & 3\cdot 2^{n-1}-2\cdot 3^{n-1} \end{bmatrix}.$$

よって $\begin{bmatrix} a_{n+1} \\ a_n \end{bmatrix}=A^{n-1}\begin{bmatrix} a_2 \\ a_1 \end{bmatrix}=\begin{bmatrix} 3^n-2^n & 3\cdot 2^n-2\cdot 3^n \\ 3^{n-1}-2^{n-1} & 3\cdot 2^{n-1}-2\cdot 3^{n-1} \end{bmatrix}\begin{bmatrix} 3 \\ 2 \end{bmatrix}$ だから $n\geqq 2$ に対して

$a_n=3(3^{n-1}-2^{n-1})+2(3\cdot 2^{n-1}-2\cdot 3^{n-1})=3\cdot 2^{n-1}-3^{n-1}$ が成り立つが，この式は $3\cdot 2^0-3^0=2=a_1$ より $n=1$ に対しても成り立つので，一般項は $a_n=3\cdot 2^{n-1}-3^{n-1}$ となる．

問題 4.4

1. 行列の対角化を用いて，次のように定められた数列 $\{a_n\}$, $\{b_n\}$ の一般項を求めよ．

$$a_1=1,\quad b_1=2,\quad \begin{cases} a_{n+1}=\ \ a_n+4b_n \\ b_{n+1}=-2a_n+7b_n \end{cases}\quad (n=1,2,3,\ldots)$$

2. 行列の対角化を用いて，次のように定められた数列 $\{a_n\}$ の一般項を求めよ．

(1) $a_1=-1,\quad a_2=3,\quad a_{n+2}=8a_{n+1}-15a_n\qquad (n=1,2,3,\ldots)$

(2) $a_1=\ 1,\quad a_2=1,\quad a_{n+2}=a_{n+1}+2a_n\qquad (n=1,2,3,\ldots)$

3. [発展問題]

行列の対角化を用いて，次のように定められた数列 $\{a_n\}$, $\{b_n\}$ の一般項を求めよ．

$$a_1=1,\quad b_1=1,\quad \begin{cases} a_{n+1}=6a_n-3b_n \\ b_{n+1}=4a_n-2b_n \end{cases}\quad (n=1,2,3,\ldots)$$

第5章　2次対称行列の対角化とその応用

5.1　2次直交行列と2次対称行列の対角化

2つの平面ベクトル $\boldsymbol{v}=\begin{bmatrix} p \\ q \end{bmatrix}$ と $\boldsymbol{w}=\begin{bmatrix} r \\ s \end{bmatrix}$ が共に長さ1で互いに直交するとき*，行列 $P=\begin{bmatrix} p & r \\ q & s \end{bmatrix}$ を（2次）**直交行列**という．直交行列について次が成り立つ†

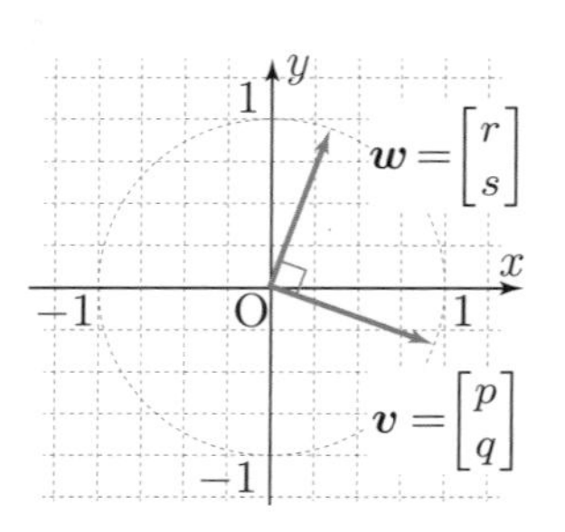

定理 5.1. P は直交行列 $\Leftrightarrow {}^tPP=E \Leftrightarrow {}^tP=P^{-1}$

さらに定理2.1より $|P|^2=|P||P|=|{}^tP||P|=|{}^tPP|=|E|=1$ だから $|P|=\pm1$ である．

$|P|=1$ のとき $P=\begin{bmatrix} \cos\theta & -\sin\theta \\ \sin\theta & \cos\theta \end{bmatrix}$ となる．これは原点のまわりの回転を表す行列であった．

$|P|=-1$ のとき $P=\begin{bmatrix} \cos\theta & \sin\theta \\ \sin\theta & -\cos\theta \end{bmatrix}=\begin{bmatrix} \cos\theta & -\sin\theta \\ \sin\theta & \cos\theta \end{bmatrix}\begin{bmatrix} 1 & 0 \\ 0 & -1 \end{bmatrix}$ となる．これは x 軸に関する対称変換と原点のまわりの回転変換の合成変換を表す行列である．

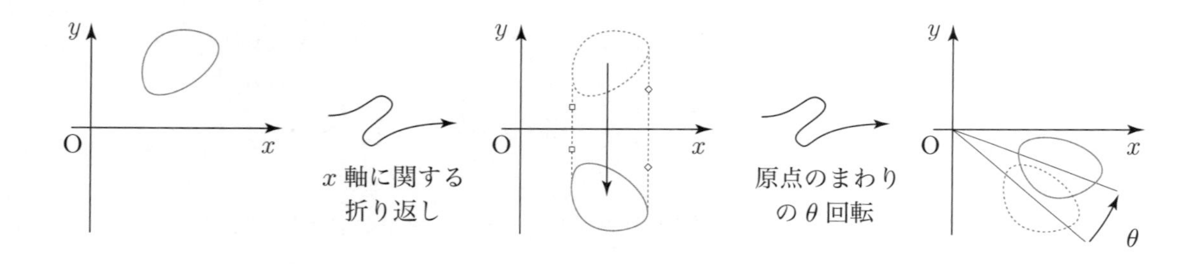

例題 5.1. 次の行列 A が直交行列か否か判定せよ．

$$(1)\ A=\begin{bmatrix} \dfrac{2}{\sqrt{5}} & \dfrac{1}{\sqrt{5}} \\ -\dfrac{1}{\sqrt{5}} & \dfrac{2}{\sqrt{5}} \end{bmatrix} \qquad (2)\ A=\begin{bmatrix} \dfrac{\sqrt{3}}{2} & -\dfrac{1}{2} \\ \dfrac{1}{2} & -\dfrac{\sqrt{3}}{2} \end{bmatrix}$$

---

* すなわち $\|\boldsymbol{v}\|=1,\ \|\boldsymbol{w}\|=1,\ (\boldsymbol{v},\boldsymbol{w})=0$.

† $\|\boldsymbol{v}\|=1,\ \|\boldsymbol{w}\|=1,\ (\boldsymbol{v},\boldsymbol{w})=0$ だから ${}^tPP=\begin{bmatrix} {}^t\boldsymbol{v} \\ {}^t\boldsymbol{w} \end{bmatrix}\begin{bmatrix} \boldsymbol{v} & \boldsymbol{w} \end{bmatrix}=\begin{bmatrix} {}^t\boldsymbol{v}\boldsymbol{v} & {}^t\boldsymbol{v}\boldsymbol{w} \\ {}^t\boldsymbol{w}\boldsymbol{v} & {}^t\boldsymbol{w}\boldsymbol{w} \end{bmatrix}=\begin{bmatrix} (\boldsymbol{v},\boldsymbol{v}) & (\boldsymbol{v},\boldsymbol{w}) \\ (\boldsymbol{w},\boldsymbol{v}) & (\boldsymbol{w},\boldsymbol{w}) \end{bmatrix}=\begin{bmatrix} 1 & 0 \\ 0 & 1 \end{bmatrix}$.

答．${}^tAA = E$ であるか確かめればよい[‡]．

(1) ${}^tAA = \dfrac{1}{\sqrt{5}} \cdot \dfrac{1}{\sqrt{5}} \begin{bmatrix} 2 & -1 \\ 1 & 2 \end{bmatrix} \begin{bmatrix} 2 & 1 \\ -1 & 2 \end{bmatrix} = \dfrac{1}{5} \begin{bmatrix} 5 & 0 \\ 0 & 5 \end{bmatrix} = E$ より A は直交行列である．

(2) ${}^tAA = \dfrac{1}{2} \cdot \dfrac{1}{2} \begin{bmatrix} \sqrt{3} & 1 \\ -1 & -\sqrt{3} \end{bmatrix} \begin{bmatrix} \sqrt{3} & -1 \\ 1 & -\sqrt{3} \end{bmatrix} = \dfrac{1}{4} \begin{bmatrix} 4 & -2\sqrt{3} \\ -2\sqrt{3} & 4 \end{bmatrix} \neq E$ より A は直交行列ではない．

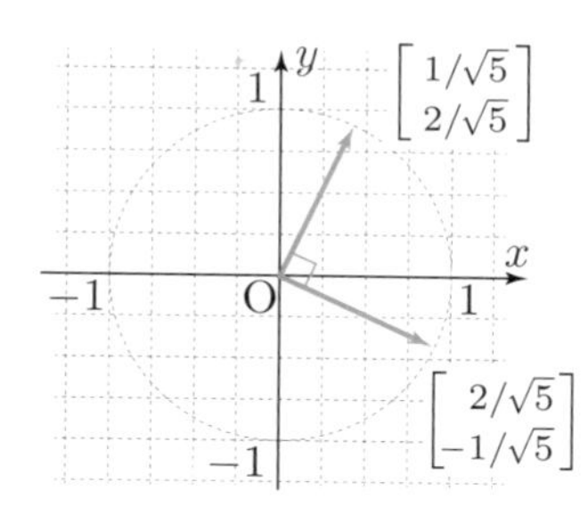

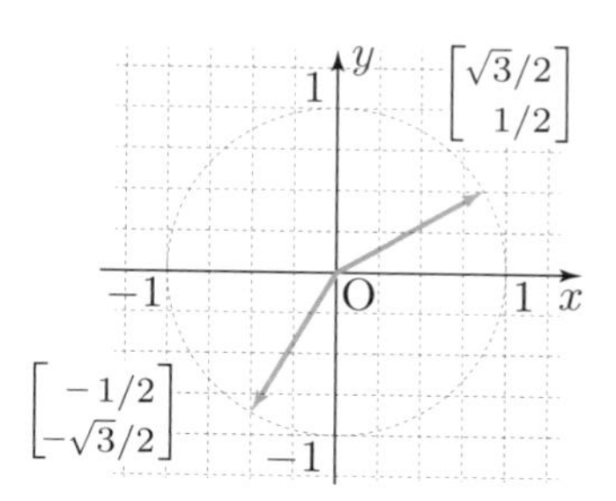

ここで次が成り立つ．

> 定理 5.2. 対称行列は直交行列で対角化できる．

2 次正方行列 A の固有値が α, β であるとき，それぞれに属する固有ベクトルから 1 つずつ $\boldsymbol{v} = \begin{bmatrix} p \\ q \end{bmatrix}$, $\boldsymbol{w} = \begin{bmatrix} r \\ s \end{bmatrix}$ と選んで $P = \begin{bmatrix} p & r \\ q & s \end{bmatrix}$ とおくと $P^{-1}AP$ は対角行列 $\begin{bmatrix} \alpha & 0 \\ 0 & \beta \end{bmatrix}$ になるのであった．

したがって対称行列を直交行列で対角化する場合，固有値，固有ベクトルを求めるまではこれまでと同じだが，対角化のための固有ベクトルとして共に長さ 1 で互いに直交するものを選ばなくてはならない．しかし次の定理があるので，長さ 1 のベクトルを選ぶという作業が加わるだけである[§]．これは適当に選んだ固有ベクトル $\boldsymbol{x}$ をそれ自身の長さ $\|\boldsymbol{x}\|$ で割ればよい．

> 定理 5.3. 対称行列の，異なる固有値に属する固有ベクトルは互いに直交する．

また，直交行列 P は $P^{-1} = {}^tP$ を満たす（定理 3.1）ので $P^{-1}AP = {}^tPAP$ であるから P が正しく得られたことを確認するのに ${}^tPAP$ を直接計算してもよい．

[‡] $A = \begin{bmatrix} a & b \\ c & d \end{bmatrix}$，$\boldsymbol{v} = \begin{bmatrix} a \\ c \end{bmatrix}$, $\boldsymbol{w} = \begin{bmatrix} b \\ d \end{bmatrix}$ として，$\|\boldsymbol{v}\| = 1$, $\|\boldsymbol{w}\| = 1$, $(\boldsymbol{v}, \boldsymbol{w}) = 0$ が成り立つか確かめてもよい．

[§] 固有方程式が重解を持つような対称行列は対角行列（スカラー行列）なので，重解を持つ場合は気にしなくてよい．

例題 5.2. 行列 $A=\begin{bmatrix}5 & 3\\ 3 & -3\end{bmatrix}$ を直交行列で対角化せよ．

解説．$|\lambda E-A|=\begin{vmatrix}\lambda-5 & -3\\ -3 & \lambda+3\end{vmatrix}=\lambda^2-2\lambda-24=(\lambda-6)(\lambda+4)=0$ より固有値は $6,-4$.

固有値 6 に属する固有ベクトル $\boldsymbol{x}=\begin{bmatrix}x\\ y\end{bmatrix}$ は $A\boldsymbol{x}=6\boldsymbol{x}$，すなわち $\begin{bmatrix}5 & 3\\ 3 & -3\end{bmatrix}\begin{bmatrix}x\\ y\end{bmatrix}=\begin{bmatrix}6x\\ 6y\end{bmatrix}$

を解いて $\begin{cases}5x+3y=6x\\ 3x-3y=6y\end{cases}$ より $3y=x$ だから $\boldsymbol{x}=\begin{bmatrix}3a\\ a\end{bmatrix}=a\begin{bmatrix}3\\ 1\end{bmatrix}$ $(a\neq 0)$.

固有値 -4 に属する固有ベクトル $\boldsymbol{y}=\begin{bmatrix}x\\ y\end{bmatrix}$ は $A\boldsymbol{y}=-4\boldsymbol{y}$，すなわち $\begin{bmatrix}5 & 3\\ 3 & -3\end{bmatrix}\begin{bmatrix}x\\ y\end{bmatrix}=\begin{bmatrix}-4x\\ -4y\end{bmatrix}$

を解いて $\begin{cases}5x+3y=-4x\\ 3x-3y=-4y\end{cases}$ より $y=-3x$ だから $\boldsymbol{y}=\begin{bmatrix}b\\ -3b\end{bmatrix}=b\begin{bmatrix}1\\ -3\end{bmatrix}$ $(b\neq 0)$.

$a\begin{bmatrix}3\\ 1\end{bmatrix}$ の形のベクトルで長さ1のものは $\pm\dfrac{1}{\sqrt{3^2+1^2}}\begin{bmatrix}3\\ 1\end{bmatrix}=\pm\dfrac{1}{\sqrt{10}}\begin{bmatrix}3\\ 1\end{bmatrix}$ であり，

$b\begin{bmatrix}1\\ -3\end{bmatrix}$ の形のベクトルで長さ1のものは $\pm\dfrac{1}{\sqrt{1^2+(-3)^2}}\begin{bmatrix}1\\ -3\end{bmatrix}=\pm\dfrac{1}{\sqrt{10}}\begin{bmatrix}1\\ -3\end{bmatrix}$ だから

$P=\dfrac{1}{\sqrt{10}}\begin{bmatrix}3 & 1\\ 1 & -3\end{bmatrix}$ は直交行列で，$P^{-1}AP={}^tPAP=\begin{bmatrix}6 & 0\\ 0 & -4\end{bmatrix}$ となる．

確認

$|P|=\dfrac{1}{10}\begin{vmatrix}3 & 1\\ 1 & -3\end{vmatrix}=-1\neq 0$ であり¶, $B=\begin{bmatrix}6 & 0\\ 0 & -4\end{bmatrix}$ とすれば下の計算より $AP=PB$ を得る．

$AP=\dfrac{1}{\sqrt{10}}\begin{bmatrix}5 & 3\\ 3 & -3\end{bmatrix}\begin{bmatrix}3 & 1\\ 1 & -3\end{bmatrix}=\dfrac{1}{\sqrt{10}}\begin{bmatrix}18 & -4\\ 6 & 12\end{bmatrix}$, $PB=\dfrac{1}{\sqrt{10}}\begin{bmatrix}3 & 1\\ 1 & -3\end{bmatrix}\begin{bmatrix}6 & 0\\ 0 & -4\end{bmatrix}=\dfrac{1}{\sqrt{10}}\begin{bmatrix}18 & -4\\ 6 & 12\end{bmatrix}$.

もしくは

${}^tP=\dfrac{1}{\sqrt{10}}\begin{bmatrix}3 & 1\\ 1 & -3\end{bmatrix}(=P)$ より ${}^tPAP=\dfrac{1}{\sqrt{10}}\cdot\dfrac{1}{\sqrt{10}}\begin{bmatrix}3 & 1\\ 1 & -3\end{bmatrix}\begin{bmatrix}5 & 3\\ 3 & -3\end{bmatrix}\begin{bmatrix}3 & 1\\ 1 & -3\end{bmatrix}=\begin{bmatrix}6 & 0\\ 0 & -4\end{bmatrix}$.

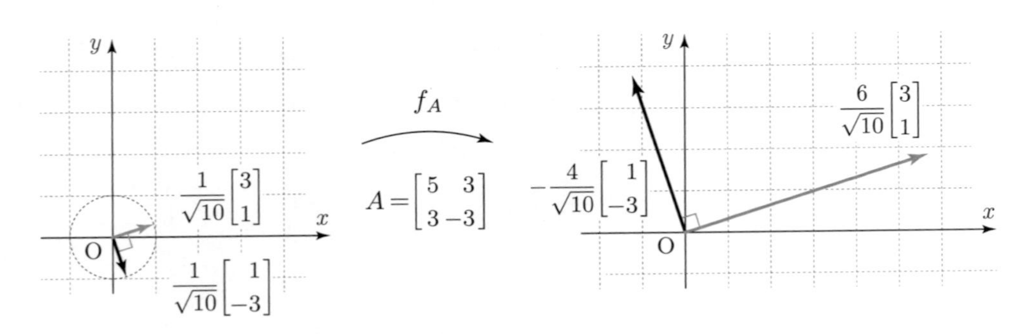

¶ $|P|=\dfrac{1}{\sqrt{10}}\begin{vmatrix}3 & 1\\ 1 & -3\end{vmatrix}$ ではない（17 ページ定理 2.1 参照）．

問題 5.1

1. 次の行列 A が直交行列か否か判定せよ．

(1) $A = \begin{bmatrix} \frac{2}{\sqrt{5}} & -\frac{1}{\sqrt{5}} \\ \frac{1}{\sqrt{5}} & \frac{2}{\sqrt{5}} \end{bmatrix}$　(2) $A = \begin{bmatrix} \frac{1}{\sqrt{2}} & -\frac{1}{\sqrt{2}} \\ -\frac{1}{\sqrt{2}} & \frac{1}{\sqrt{2}} \end{bmatrix}$　(3) $A = \begin{bmatrix} \frac{1}{\sqrt{10}} & \frac{3}{\sqrt{10}} \\ \frac{3}{\sqrt{10}} & -\frac{1}{\sqrt{10}} \end{bmatrix}$

2. 次の行列 A を直交行列で対角化せよ．

(1) $A = \begin{bmatrix} 0 & 1 \\ 1 & 0 \end{bmatrix}$　(2) $A = \begin{bmatrix} 1 & 2 \\ 2 & -2 \end{bmatrix}$　(3) $A = \begin{bmatrix} 3 & \sqrt{3} \\ \sqrt{3} & 5 \end{bmatrix}$　(4) $A = \begin{bmatrix} 5 & 3\sqrt{3} \\ 3\sqrt{3} & -1 \end{bmatrix}$

(5) $A = \begin{bmatrix} 4 & 2 \\ 2 & 1 \end{bmatrix}$　(6) $A = \begin{bmatrix} 2 & 1 \\ 1 & 2 \end{bmatrix}$　(7) $A = \begin{bmatrix} 1 & \sqrt{3} \\ \sqrt{3} & -1 \end{bmatrix}$　(8) $A = \begin{bmatrix} 10 & -2\sqrt{3} \\ -2\sqrt{3} & 11 \end{bmatrix}$

5.2　2次形式

例題 5.3. 行列 $A=\begin{bmatrix}1 & 3\\ 3 & 1\end{bmatrix}$ を回転行列で対角化せよ．

解説．回転行列での対角化であることに注意．$|\lambda E-A|=\begin{vmatrix}\lambda-1 & -3\\ -3 & \lambda-1\end{vmatrix}=(\lambda-4)(\lambda+2)=0$

より固有値は $4, -2$ で，これらに属する長さ1の固有ベクトルはそれぞれ $\pm\frac{1}{\sqrt{2}}\begin{bmatrix}1\\ 1\end{bmatrix}$, $\pm\frac{1}{\sqrt{2}}\begin{bmatrix}1\\ -1\end{bmatrix}$

である．そこで $P=\frac{1}{\sqrt{2}}\begin{bmatrix}1 & -1\\ 1 & 1\end{bmatrix}$ とおけば* $|P|=1$ より P は回転行列で，次を得る．

$$P^{-1}AP={}^tPAP=\begin{bmatrix}4 & 0\\ 0 & -2\end{bmatrix}\cdots①$$

例題 5.4. 曲線 $C: F(x,y)=x^2+6xy+y^2=4\cdots②$ はどのような曲線か答えよ．

解説．$F(x,y)=x^2+6xy+y^2$ のように2次の項だけの多項式を**2次形式**という．

2次形式は次のように対称行列を用いて表すことができる．

$$F(x,y)=x^2+6xy+y^2=\begin{bmatrix}x & y\end{bmatrix}\begin{bmatrix}1 & 3\\ 3 & 1\end{bmatrix}\begin{bmatrix}x\\ y\end{bmatrix}\quad\cdots③$$

$A=\begin{bmatrix}1 & 3\\ 3 & 1\end{bmatrix}$ は，例題5.3より $\frac{\pi}{4}$ の回転変換を表す $P=\frac{1}{\sqrt{2}}\begin{bmatrix}1 & -1\\ 1 & 1\end{bmatrix}$ によって対角化される．

ここで $P^{-1}={}^tP$（これも回転行列である†）で表される1次変換 $f_{P^{-1}}: \begin{bmatrix}X\\ Y\end{bmatrix}=P^{-1}\begin{bmatrix}x\\ y\end{bmatrix}$

による曲線 C の像 C' は下図のような楕円もしくは双曲線であることを見よう．

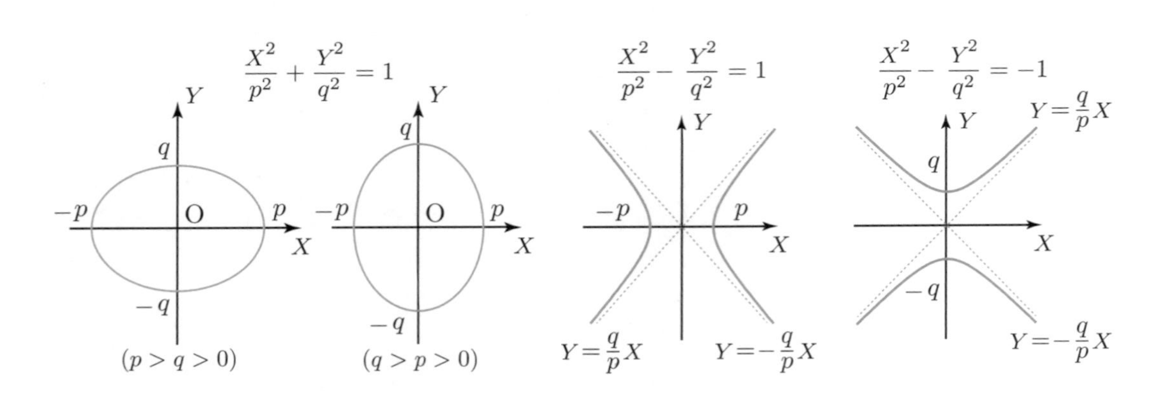

* $P=\frac{1}{\sqrt{2}}\begin{bmatrix}-1 & 1\\ -1 & -1\end{bmatrix}$，もしくは $P=\frac{1}{\sqrt{2}}\begin{bmatrix}1 & 1\\ -1 & 1\end{bmatrix}$，$P=\frac{1}{\sqrt{2}}\begin{bmatrix}-1 & -1\\ 1 & -1\end{bmatrix}$ でもよい．

† 24ページ参照

まず2次形式 $F(x,y)$ を X, Y で表す[‡]．$f_{P^{-1}}$ の逆変換を考えると $f_P : \begin{bmatrix} x \\ y \end{bmatrix} = P \begin{bmatrix} X \\ Y \end{bmatrix}$ であり，両辺の転置をとると $\begin{bmatrix} x\ y \end{bmatrix} = \begin{bmatrix} X\ Y \end{bmatrix} {}^tP$ なので[§] これらを ③ に代入すれば ① から次を得る．ここで得られた X^2 の項と Y^2 の項だけからなる式 $4X^2 - 2Y^2$（もしくは $-2X^2 + 4Y^2$）を[¶] 2次形式 $F(x,y)$ の**標準形**という．

$$
\begin{aligned}
F(x,y) = x^2 + 6xy + y^2 &= \begin{bmatrix} x & y \end{bmatrix} \begin{bmatrix} 1 & 3 \\ 3 & 1 \end{bmatrix} \begin{bmatrix} x \\ y \end{bmatrix} \\
&= \begin{bmatrix} X & Y \end{bmatrix} {}^tP \begin{bmatrix} 1 & 3 \\ 3 & 1 \end{bmatrix} P \begin{bmatrix} X \\ Y \end{bmatrix} \\
&= \begin{bmatrix} X & Y \end{bmatrix} {}^tP \begin{bmatrix} 1 & 3 \\ 3 & 1 \end{bmatrix} P \begin{bmatrix} X \\ Y \end{bmatrix} \\
&= \begin{bmatrix} X & Y \end{bmatrix} \begin{bmatrix} 4 & 0 \\ 0 & -2 \end{bmatrix} \begin{bmatrix} X \\ Y \end{bmatrix} = 4X^2 - 2Y^2
\end{aligned}
$$

② より $4X^2 - 2Y^2 = 4$ だから C' は双曲線 $x^2 - \dfrac{y^2}{2} = 1$ であり，C は f_p による C' の像だから曲線 C は双曲線 $x^2 - \dfrac{y^2}{2} = 1$ を原点Oのまわりに $\dfrac{\pi}{4}$ だけ回転させた曲線である[‖]．

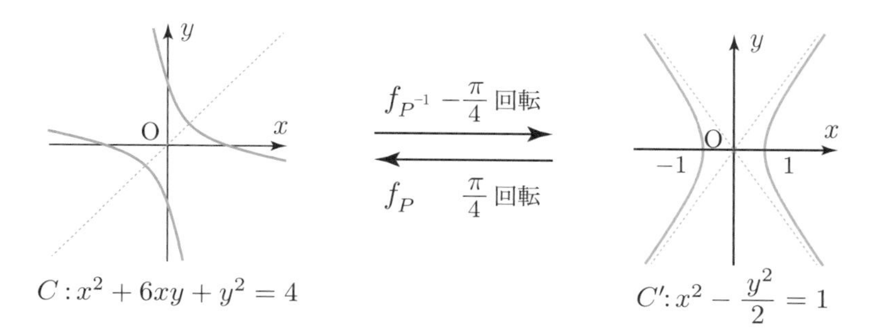

[‡] 3.2節のように x, y を X, Y で表して $x^2 + 6xy + y^2$ に代入してもよい．

[§] ${}^t(AB) = {}^tB\,{}^tA$（15ページ）だから $\begin{bmatrix} x & y \end{bmatrix} = {}^t\begin{bmatrix} x \\ y \end{bmatrix} = {}^t\left(P\begin{bmatrix} X \\ Y \end{bmatrix}\right) = {}^t\begin{bmatrix} X \\ Y \end{bmatrix} {}^tP = \begin{bmatrix} X\ Y \end{bmatrix} {}^tP$.

[¶] $P = \dfrac{1}{\sqrt{2}}\begin{bmatrix} 1 & 1 \\ -1 & 1 \end{bmatrix}$ もしくは $P = \dfrac{1}{\sqrt{2}}\begin{bmatrix} -1 & -1 \\ 1 & -1 \end{bmatrix}$ とすれば ${}^tPAP = \begin{bmatrix} -2 & 0 \\ 0 & 4 \end{bmatrix}$ より $F(x,y) = -2X^2 + 4Y^2$.

[‖] $P = \dfrac{1}{\sqrt{2}}\begin{bmatrix} -1 & 1 \\ -1 & -1 \end{bmatrix}$ の場合は，双曲線 $x^2 - \dfrac{y^2}{2} = 1$ を原点Oのまわりに $-\dfrac{3}{4}\pi$ だけ回転させた曲線，

$P = \dfrac{1}{\sqrt{2}}\begin{bmatrix} 1 & 1 \\ -1 & 1 \end{bmatrix}$ の場合は，双曲線 $\dfrac{x^2}{2} - y^2 = -1$ を原点Oのまわりに $-\dfrac{\pi}{4}$ だけ回転させた曲線，

$P = \dfrac{1}{\sqrt{2}}\begin{bmatrix} -1 & -1 \\ 1 & -1 \end{bmatrix}$ の場合は，双曲線 $\dfrac{x^2}{2} - y^2 = -1$ を原点Oのまわりに $\dfrac{3}{4}\pi$ だけ回転させた曲線となる．

例題 5.5. 2次形式 $F(x,y)=2x^2-2xy+2y^2$ について，次の問いに答えよ．

(1) $F(x,y)$ に対応する対称行列 A を求めよ．

(2) A を対角化する回転行列 P と，$F(x,y)$ の標準形を求めよ．

(3) 曲線 $C: 2x^2-2xy+2y^2=1$ はどのような曲線か答えよ．

答．(1) $2x^2-2xy+2y^2=\begin{bmatrix} x & y \end{bmatrix}\begin{bmatrix} 2 & -1 \\ -1 & 2 \end{bmatrix}\begin{bmatrix} x \\ y \end{bmatrix}$ より $A=\begin{bmatrix} 2 & -1 \\ -1 & 2 \end{bmatrix}$.

(2) A の固有値は3と1で，対応する固有ベクトルはそれぞれ $a\begin{bmatrix} 1 \\ -1 \end{bmatrix}$ と $b\begin{bmatrix} 1 \\ 1 \end{bmatrix}$ $(a,b\neq 0)$ なので

$P=\dfrac{1}{\sqrt{2}}\begin{bmatrix} 1 & 1 \\ -1 & 1 \end{bmatrix}$ である**．このとき，$P^{-1}AP=\begin{bmatrix} 3 & 0 \\ 0 & 1 \end{bmatrix}$ だから $\begin{bmatrix} x \\ y \end{bmatrix}=P\begin{bmatrix} X \\ Y \end{bmatrix}$ とおくと

$2x^2-2xy+2y^2=3X^2+Y^2$ となるから $F(x,y)$ の標準形は $3X^2+Y^2$ である．

(3) P は $-\dfrac{\pi}{4}$ の回転を表すので，C は楕円 $3x^2+y^2=1$ を原点Oのまわりに $-\dfrac{\pi}{4}$ だけ回転させた曲線を表す．

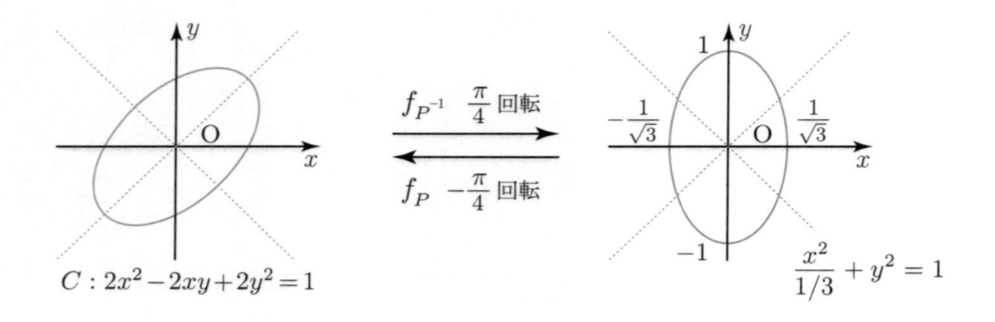

問題 5.2

1. 次の2次形式 $F(x,y)$ について，対応する対称行列 A を求め，A を対角化する回転行列 P と $F(x,y)$ の標準形を求めよ．また，括弧内の曲線 C はどのような曲線か答えよ．

(1) $F(x,y)=3x^2+2xy+3y^2$　　$(C: 3x^2+2xy+3y^2=4)$

(2) $F(x,y)=2x^2+2\sqrt{3}xy$　　$(C: 2x^2+2\sqrt{3}xy=3)$

(3) $F(x,y)=2x^2+2\sqrt{3}xy+4y^2$　　$(C: 2x^2+2\sqrt{3}xy+4y^2=5)$

(4) $F(x,y)=2xy$　　$(C: 2xy=1)$

** $P=\dfrac{1}{\sqrt{2}}\begin{bmatrix} -1 & -1 \\ 1 & -1 \end{bmatrix}$，もしくは $P=\dfrac{1}{\sqrt{2}}\begin{bmatrix} -1 & 1 \\ -1 & -1 \end{bmatrix}$，$P=\dfrac{1}{\sqrt{2}}\begin{bmatrix} 1 & -1 \\ 1 & 1 \end{bmatrix}$ でもよい．

第 6 章　空間ベクトルと 3 次正方行列

3 次元ベクトルを特に**空間ベクトル**ともいう．前半の締めくくりとして空間ベクトルの内積と外積，3 次正方行列の行列式およびクラメールの公式を学ぶ．

6.1　空間ベクトル

まず空間ベクトル $\boldsymbol{v} = \begin{bmatrix} a \\ b \\ c \end{bmatrix}$ の**長さ** $\|\boldsymbol{v}\|$ は $\sqrt{a^2+b^2+c^2}$ で与えられる．

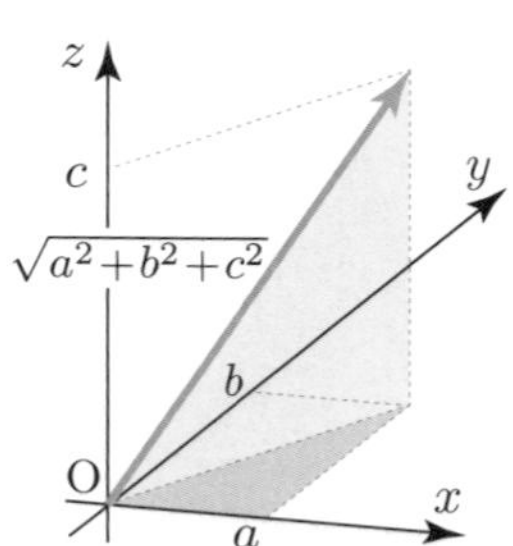

2 つの空間ベクトル $\boldsymbol{a} = \begin{bmatrix} a_1 \\ a_2 \\ a_3 \end{bmatrix}$，$\boldsymbol{b} = \begin{bmatrix} b_1 \\ b_2 \\ b_3 \end{bmatrix}$ に対して

$a_1b_1 + a_2b_2 + a_3b_3$ を $\boldsymbol{a}, \boldsymbol{b}$ の**内積**といい，$(\boldsymbol{a}, \boldsymbol{b})$ と表す*．

空間ベクトル $\boldsymbol{v}$ の長さは内積を用いて $\|\boldsymbol{v}\| = \sqrt{(\boldsymbol{v}, \boldsymbol{v})}$ と表せる．

例題 6.1. $\boldsymbol{a} = \begin{bmatrix} 1 \\ 2 \\ 3 \end{bmatrix}$, $\boldsymbol{b} = \begin{bmatrix} 3 \\ 2 \\ 1 \end{bmatrix}$ であるとき，次を計算せよ．　(1) $(\boldsymbol{a}, \boldsymbol{b})$　(2) $(\boldsymbol{a}, \boldsymbol{a})$　(3) $\|\boldsymbol{a}\|$

答．(1) $(\boldsymbol{a}, \boldsymbol{b}) = 1\cdot3+2\cdot2+3\cdot1 = 10$ (2) $(\boldsymbol{a}, \boldsymbol{a}) = 1^2+2^2+3^2 = 14$ (3) $\|\boldsymbol{a}\| = \sqrt{(\boldsymbol{a}, \boldsymbol{a})} = \sqrt{14}$

1.1 節で紹介した定理は空間ベクトルに対しても成り立つ．ここでは $\boldsymbol{a}$ と $\boldsymbol{b}$ がなす角† を θ $(0 \leqq \theta \leqq \pi)$ として定理 1.2 を再掲しておく．

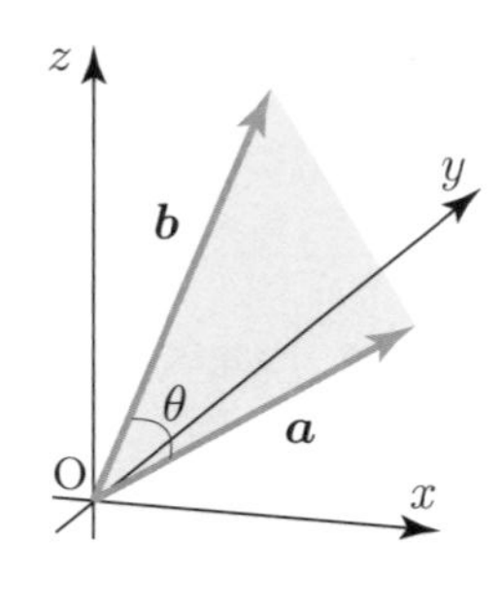

定理 6.1. $(\boldsymbol{a}, \boldsymbol{b}) = \|\boldsymbol{a}\| \, \|\boldsymbol{b}\| \cos\theta$

例題 6.2. 空間ベクトル $\boldsymbol{a} = \begin{bmatrix} 8 \\ 1 \\ 5 \end{bmatrix}$, $\boldsymbol{b} = \begin{bmatrix} 2 \\ 4 \\ 5 \end{bmatrix}$ のなす角 θ を求めよ．

答．$\|\boldsymbol{a}\| = \sqrt{8^2+1^2+5^2} = 3\sqrt{10}$，$\|\boldsymbol{b}\| = \sqrt{2^2+4^2+5^2} = 3\sqrt{5}$, $(\boldsymbol{a}, \boldsymbol{b}) = 8\cdot2+1\cdot4+5\cdot5 = 45$

だから $\cos\theta = \dfrac{(\boldsymbol{a}, \boldsymbol{b})}{\|\boldsymbol{a}\| \, \|\boldsymbol{b}\|} = \dfrac{45}{3\sqrt{10}\cdot3\sqrt{5}} = \dfrac{1}{\sqrt{2}}$ より $\theta = \dfrac{\pi}{4}$.

* $\boldsymbol{a}\cdot\boldsymbol{b}$, $\langle \boldsymbol{a}, \boldsymbol{b} \rangle$ とも表す．
† $\boldsymbol{a}, \boldsymbol{b}$ を 2 辺に持つ三角形の角 O

2つの空間ベクトル $\boldsymbol{a}=\begin{bmatrix}a_1\\a_2\\a_3\end{bmatrix}$，$\boldsymbol{b}=\begin{bmatrix}b_1\\b_2\\b_3\end{bmatrix}$ に対し空間ベクトル $\begin{bmatrix}a_2\,b_3-a_3\,b_2\\a_3\,b_1-a_1\,b_3\\a_1\,b_2-a_2\,b_1\end{bmatrix}$ を $\boldsymbol{a},\boldsymbol{b}$ の**外積**もしくは**ベクトル積**といい $\boldsymbol{a}\times\boldsymbol{b}$ と表す‡.

外積 $\boldsymbol{a}\times\boldsymbol{b}$ を求める際は下図左のように，行列 $\begin{bmatrix}\boldsymbol{a}&\boldsymbol{b}\end{bmatrix}$ に対し 第1行目 $\begin{bmatrix}a_1&b_1\end{bmatrix}$，第2行目 $\begin{bmatrix}a_2&b_2\end{bmatrix}$
を下に書き加えて得られた 5×2 行列の第1（2, 3）行より下の2行からなる 2×2 行列の行列式を順に計算すればよい.

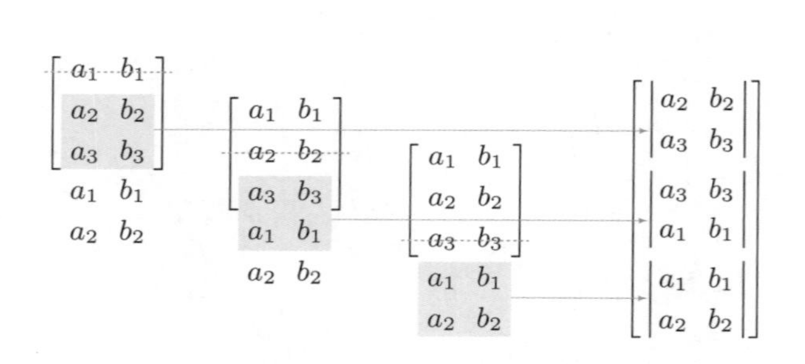

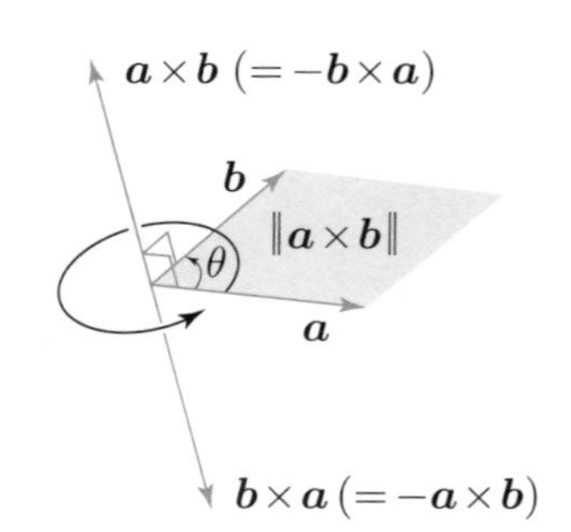

定理 6.2.

- $\boldsymbol{a},\boldsymbol{b}$ が平行ではなく，かつ $\boldsymbol{a},\boldsymbol{b}\neq\boldsymbol{o}$ であるとき $\boldsymbol{a}\times\boldsymbol{b}$ は次を満たす3次元ベクトルである.
  1. $\boldsymbol{a}$ とも $\boldsymbol{b}$ とも直交し　$(\boldsymbol{a}\times\boldsymbol{b},\boldsymbol{a})=0,\ (\boldsymbol{a}\times\boldsymbol{b},\boldsymbol{b})=0$
  2. $\boldsymbol{a}$ から $\boldsymbol{b}$ へ右手で回転させるとき右ねじが進む向きを持ち§，　（上図右）
  3. 長さは $\boldsymbol{a},\boldsymbol{b}$ を2辺に持つ平行四辺形の面積に等しい.　$\|\boldsymbol{a}\times\boldsymbol{b}\|=\|\boldsymbol{a}\|\,\|\boldsymbol{b}\|\,\sin\theta$
- $\boldsymbol{a},\boldsymbol{b}$ が平行か，または $\boldsymbol{a}=\boldsymbol{o}$ もしくは $\boldsymbol{b}=\boldsymbol{o}$ であるとき，$\boldsymbol{a}\times\boldsymbol{b}=\boldsymbol{o}$ である.

例題 6.3. 空間ベクトル $\boldsymbol{a}=\begin{bmatrix}3\\1\\-2\end{bmatrix}$, $\boldsymbol{b}=\begin{bmatrix}-4\\2\\1\end{bmatrix}$ について，$\boldsymbol{a}\times\boldsymbol{b}$ を求めよ.

答. 右図より $\boldsymbol{a}\times\boldsymbol{b}=\begin{bmatrix}5\\5\\10\end{bmatrix}$.

$$\begin{bmatrix}3&-4\\1&2\\-2&1\end{bmatrix}\ \begin{matrix}3&-4\\1&2\end{matrix}\qquad\begin{bmatrix}\begin{vmatrix}1&2\\-2&1\end{vmatrix}\\\begin{vmatrix}-2&1\\3&-4\end{vmatrix}\\\begin{vmatrix}3&-4\\1&2\end{vmatrix}\end{bmatrix}$$

‡ 内積 $(\boldsymbol{a},\boldsymbol{b})$ は数であるのに対し，外積 $\boldsymbol{a}\times\boldsymbol{b}$ はベクトルであることに注意.
‡ 右手座標系で考えている.

例題 6.4. 基本空間ベクトル $\boldsymbol{e}_1 = \begin{bmatrix} 1 \\ 0 \\ 0 \end{bmatrix}, \boldsymbol{e}_2 = \begin{bmatrix} 0 \\ 1 \\ 0 \end{bmatrix}, \boldsymbol{e}_3 = \begin{bmatrix} 0 \\ 0 \\ 1 \end{bmatrix}$ について次を求めよ．

(1) $\boldsymbol{e}_1 \times \boldsymbol{e}_1$ (2) $\boldsymbol{e}_1 \times \boldsymbol{e}_2$ (3) $\boldsymbol{e}_1 \times \boldsymbol{e}_3$ (4) $\boldsymbol{e}_2 \times \boldsymbol{e}_1$ (5) $\boldsymbol{e}_2 \times \boldsymbol{e}_2$ (6) $\boldsymbol{e}_2 \times \boldsymbol{e}_3$

(7) $\boldsymbol{e}_3 \times \boldsymbol{e}_1$ (8) $\boldsymbol{e}_3 \times \boldsymbol{e}_2$ (9) $\boldsymbol{e}_3 \times \boldsymbol{e}_3$

答. (1) (5) (9) $\boldsymbol{e}_1 \times \boldsymbol{e}_1 = \boldsymbol{e}_2 \times \boldsymbol{e}_2 = \boldsymbol{e}_3 \times \boldsymbol{e}_3 = \boldsymbol{o}$

(2) $\boldsymbol{e}_1 \times \boldsymbol{e}_2 = \begin{bmatrix} 0 \\ 0 \\ 1 \end{bmatrix} = \boldsymbol{e}_3$ (4) $\boldsymbol{e}_2 \times \boldsymbol{e}_1 = \begin{bmatrix} 0 \\ 0 \\ -1 \end{bmatrix} = -\boldsymbol{e}_1 \times \boldsymbol{e}_2 = -\boldsymbol{e}_3$

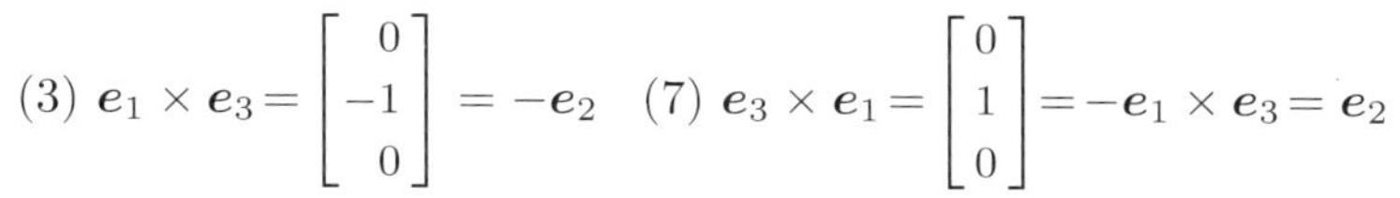

(3) $\boldsymbol{e}_1 \times \boldsymbol{e}_3 = \begin{bmatrix} 0 \\ -1 \\ 0 \end{bmatrix} = -\boldsymbol{e}_2$ (7) $\boldsymbol{e}_3 \times \boldsymbol{e}_1 = \begin{bmatrix} 0 \\ 1 \\ 0 \end{bmatrix} = -\boldsymbol{e}_1 \times \boldsymbol{e}_3 = \boldsymbol{e}_2$

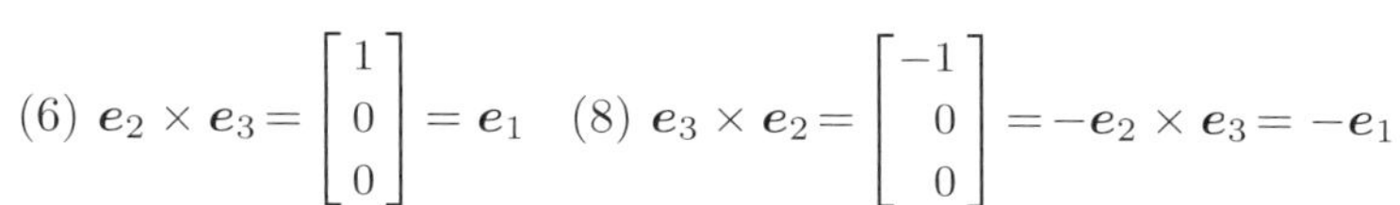

(6) $\boldsymbol{e}_2 \times \boldsymbol{e}_3 = \begin{bmatrix} 1 \\ 0 \\ 0 \end{bmatrix} = \boldsymbol{e}_1$ (8) $\boldsymbol{e}_3 \times \boldsymbol{e}_2 = \begin{bmatrix} -1 \\ 0 \\ 0 \end{bmatrix} = -\boldsymbol{e}_2 \times \boldsymbol{e}_3 = -\boldsymbol{e}_1$

例題 6.5. 空間ベクトル $\boldsymbol{a} = \begin{bmatrix} 3 \\ 1 \\ -2 \end{bmatrix}, \boldsymbol{b} = \begin{bmatrix} -4 \\ 2 \\ 1 \end{bmatrix}$ を 2 辺に持つ三角形の面積 S を求めよ．

答. 求める面積は定理 6.2 より $S = \dfrac{1}{2}\|\boldsymbol{a} \times \boldsymbol{b}\|$ であり，例題 6.3 より $\boldsymbol{a} \times \boldsymbol{b} = \begin{bmatrix} 5 \\ 5 \\ 10 \end{bmatrix}$ だから

$S = \dfrac{1}{2}\sqrt{5^2 + 5^2 + 10^2} = \dfrac{5}{2}\sqrt{6}.$

問題 6.1

1. 次の空間ベクトル $\boldsymbol{a}, \boldsymbol{b}$ について，長さ $\|\boldsymbol{a}\|, \|\boldsymbol{b}\|$, 内積 $(\boldsymbol{a}, \boldsymbol{b})$, およびなす角 θ を求めよ．

(1) $\boldsymbol{a} = \begin{bmatrix} 1 \\ 2 \\ 3 \end{bmatrix}, \boldsymbol{b} = \begin{bmatrix} 3 \\ -1 \\ 2 \end{bmatrix}$ (2) $\boldsymbol{a} = \begin{bmatrix} -1 \\ 1 \\ \sqrt{2} \end{bmatrix}, \boldsymbol{b} = \begin{bmatrix} -1 \\ 3 \\ \sqrt{2} \end{bmatrix}$

2. 次の空間ベクトル $\boldsymbol{a}, \boldsymbol{b}$ について，$\boldsymbol{a} \times \boldsymbol{b}$ を求めよ．

(1) $\boldsymbol{a} = \begin{bmatrix} 1 \\ 0 \\ 1 \end{bmatrix}, \boldsymbol{b} = \begin{bmatrix} 2 \\ 1 \\ 1 \end{bmatrix}$ (2) $\boldsymbol{a} = \begin{bmatrix} 2 \\ \sqrt{2} \\ 3 \end{bmatrix}, \boldsymbol{b} = \begin{bmatrix} \sqrt{2} \\ -1 \\ \sqrt{2} \end{bmatrix}$ (3) $\boldsymbol{a} = \begin{bmatrix} 1 \\ 2 \\ 3 \end{bmatrix}, \boldsymbol{b} = \begin{bmatrix} 2 \\ -3 \\ 1 \end{bmatrix}$

3. 空間ベクトル $\boldsymbol{a} = \begin{bmatrix} 2 \\ -1 \\ 3 \end{bmatrix}, \boldsymbol{b} = \begin{bmatrix} 4 \\ -2 \\ 5 \end{bmatrix}$ を 2 辺に持つ三角形の面積 S を求めよ．

6.2　3 次正方行列の行列式

3 次正方行列 $A=\begin{bmatrix} a & b & c \\ d & e & f \\ g & h & i \end{bmatrix}$ に対し $aei+bfg+cdh-afh-bdi-ceg$ を A の**行列式**といい，

$|A|$ もしくは $\det A$, $\begin{vmatrix} a & b & c \\ d & e & f \\ g & h & i \end{vmatrix}$ と表す．2 次のときと同様，左下もしくは右下のように図式的に

覚えておくとよい*．同じく**サラスの方法**という．

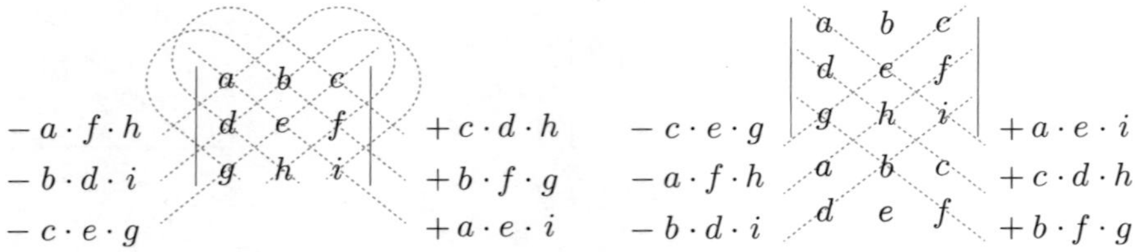

$$\begin{array}{c} -a\cdot f\cdot h \\ -b\cdot d\cdot i \\ -c\cdot e\cdot g \end{array} \begin{vmatrix} a & b & c \\ d & e & f \\ g & h & i \end{vmatrix} \begin{array}{c} +c\cdot d\cdot h \\ +b\cdot f\cdot g \\ +a\cdot e\cdot i \end{array} \qquad \begin{array}{c} -c\cdot e\cdot g \\ -a\cdot f\cdot h \\ -b\cdot d\cdot i \end{array} \begin{array}{ccc} a & b & c \\ d & e & f \\ g & h & i \\ a & b & c \\ d & e & f \end{array} \begin{array}{c} +a\cdot e\cdot i \\ +c\cdot d\cdot h \\ +b\cdot f\cdot g \end{array}$$

2 次正方行列のときと同様，3 次正方行列について次が成り立つ．

定理 6.3. (1) $|AB|=|A|\cdot|B|$　(2) $|{}^tA|=|A|$　(3)† $|kA|=k^3|A|$

定理 6.4. A が正則行列 $\Leftrightarrow |A|\neq 0$

例題 6.6. 行列 $A=\begin{bmatrix} 0 & 0 & 1 \\ 2 & 3 & 4 \\ 5 & 6 & 7 \end{bmatrix}$ の行列式を計算せよ．

答．$|A|=6\cdot2\cdot1+5\cdot0\cdot4+0\cdot3\cdot7-0\cdot4\cdot6-2\cdot0\cdot7-5\cdot3\cdot1=12+0+0-0-0-15=-3.$

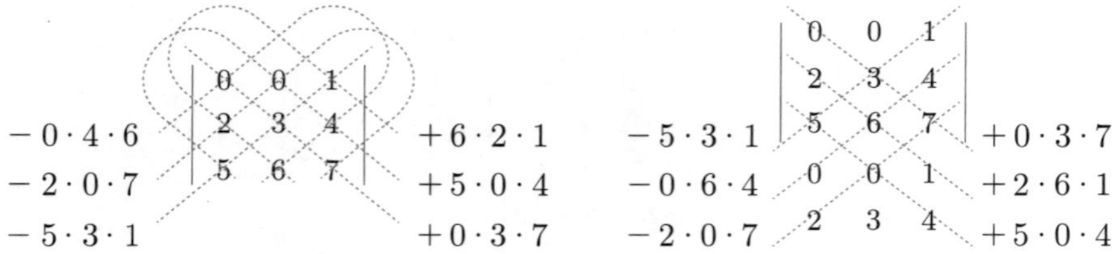

$$\begin{array}{c} -0\cdot4\cdot6 \\ -2\cdot0\cdot7 \\ -5\cdot3\cdot1 \end{array} \begin{vmatrix} 0 & 0 & 1 \\ 2 & 3 & 4 \\ 5 & 6 & 7 \end{vmatrix} \begin{array}{c} +6\cdot2\cdot1 \\ +5\cdot0\cdot4 \\ +0\cdot3\cdot7 \end{array} \qquad \begin{array}{c} -5\cdot3\cdot1 \\ -0\cdot6\cdot4 \\ -2\cdot0\cdot7 \end{array} \begin{array}{ccc} 0 & 0 & 1 \\ 2 & 3 & 4 \\ 5 & 6 & 7 \\ 0 & 0 & 1 \\ 2 & 3 & 4 \end{array} \begin{array}{c} +0\cdot3\cdot7 \\ +2\cdot6\cdot1 \\ +5\cdot0\cdot4 \end{array}$$

* 4 次以上の場合，同じようにはできないので注意．

† A が n 次正方行列の場合には $|kA|=k^n|A|$.

例題 6.7. 行列 $A=\begin{bmatrix} x-4 & 2 & 2 \\ -2 & x & 2 \\ 1 & -1 & x-3 \end{bmatrix}$ に対し，$|A|=0$ を満たす x を求めよ．

答. サラスの方法を用いて $|A|$ を計算すると

$$|A| = (x-4)x(x-3)+(-2)(-1)\,2+1\cdot 2\cdot 2-2\cdot x\cdot 1-2\,(-1)(x-4)-(x-3)\,2\,(-2)$$
$$= (x-4)x(x-3)+4(x-3) = (x-3)(x-2)^2 \text{ より } x=3,\, 2.$$

確認

$x=3$ のとき $\begin{vmatrix} 3-4 & 2 & 2 \\ -2 & 3 & 2 \\ 1 & -1 & 3-3 \end{vmatrix} = \begin{vmatrix} -1 & 2 & 2 \\ -2 & 3 & 2 \\ 1 & -1 & 0 \end{vmatrix} = 0$. $x=2$ のとき $\begin{vmatrix} 2-4 & 2 & 2 \\ -2 & 2 & 2 \\ 1 & -1 & 2-3 \end{vmatrix} = \begin{vmatrix} -2 & 2 & 2 \\ -2 & 2 & 2 \\ 1 & -1 & -1 \end{vmatrix} = 0$.

行列式 $\begin{vmatrix} a & b & c \\ d & e & f \\ g & h & i \end{vmatrix}$ の絶対値は 3 つのベクトル $\boldsymbol{a}=\begin{bmatrix} a \\ d \\ g \end{bmatrix}$, $\boldsymbol{b}=\begin{bmatrix} b \\ e \\ h \end{bmatrix}$, $\boldsymbol{c}=\begin{bmatrix} c \\ f \\ i \end{bmatrix}$ で定まる平行六面体の体積 V に対応している‡.

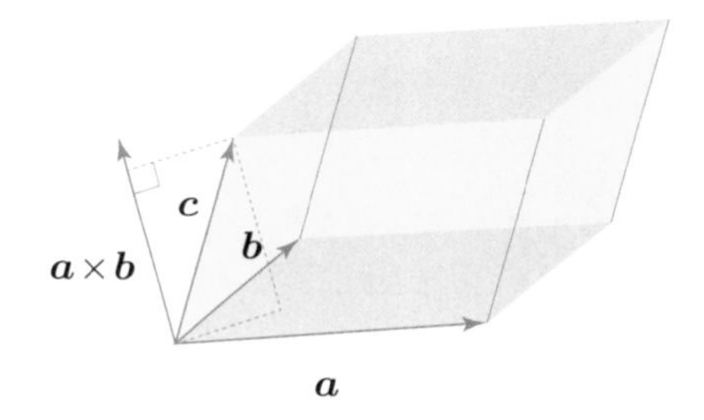

問題 6.2

1. 次の行列 A の行列式を計算せよ．

(1) $A=\begin{bmatrix} 5 & 6 & 0 \\ -1 & 0 & 0 \\ 1 & 2 & 2 \end{bmatrix}$ (2) $A=\begin{bmatrix} 2 & 0 & 3 \\ -1 & 2 & 1 \\ 2 & 0 & 4 \end{bmatrix}$ (3) $A=\begin{bmatrix} 1 & 2 & -2 \\ -1 & -1 & 1 \\ -1 & -1 & 2 \end{bmatrix}$

2. 次の行列 A に対し，$|A|=0$ を満たす x を求めよ．

(1) $A=\begin{bmatrix} x-3 & 4 & -2 \\ 2 & x-2 & 0 \\ 4 & -2 & x-1 \end{bmatrix}$ (2) $A=\begin{bmatrix} x-1 & 1 & 0 \\ 1 & 1 & x-2 \\ 0 & x-2 & 2 \end{bmatrix}$ (3) $A=\begin{bmatrix} -2 & 3 & x+3 \\ 2 & x-2 & -2 \\ x-3 & 8 & 5 \end{bmatrix}$

---

‡ V は底面積（$\boldsymbol{a}, \boldsymbol{b}$ を 2 辺に持つ平行四辺形の面積）と高さ（$\boldsymbol{c}$ の $\boldsymbol{a}$ と $\boldsymbol{b}$ に垂直な成分）の積だから $\boldsymbol{a}\times\boldsymbol{b}=\begin{bmatrix} dh-eg \\ bg-ah \\ ae-bd \end{bmatrix}$ と $\boldsymbol{c}=\begin{bmatrix} c \\ f \\ i \end{bmatrix}$ の内積 $(\boldsymbol{a}\times\boldsymbol{b}, \boldsymbol{c})=(dh-eg)\,c+(bg-ah)\,f+(ae-bd)\,i=\begin{vmatrix} a & b & c \\ d & e & f \\ g & h & i \end{vmatrix}$ の絶対値.

6.3　クラメールの公式

連立1次方程式 $\begin{cases} ax+by=p \\ cx+dy=q \end{cases}$ を考える．行列で見ると $\begin{bmatrix} a & b \\ c & d \end{bmatrix}\begin{bmatrix} x \\ y \end{bmatrix}=\begin{bmatrix} p \\ q \end{bmatrix}$ だから

$A=\begin{bmatrix} a & b \\ c & d \end{bmatrix}$ が正則であれば，両辺左から逆行列 A^{-1} を掛けて解 $\begin{bmatrix} x \\ y \end{bmatrix}=A^{-1}\begin{bmatrix} p \\ q \end{bmatrix}$ が得られるが

ここで A の第1列 $\begin{bmatrix} a \\ c \end{bmatrix}$ を $\begin{bmatrix} p \\ q \end{bmatrix}$ で置き換えた行列の行列式 $\begin{vmatrix} p & b \\ q & d \end{vmatrix}$ を考えてみると

$\begin{cases} p=ax+by \\ q=cx+dy \end{cases}$ であり $ad-bc=|A|$ なので下の計算より $x=\dfrac{1}{|A|}\begin{vmatrix} p & b \\ q & d \end{vmatrix}$ を得る．

$$\begin{vmatrix} p & b \\ q & d \end{vmatrix}=\begin{vmatrix} ax+by & b \\ cx+dy & d \end{vmatrix}=adx+bdy-bcx-bdy \ =(ad-bc)x=|A|x$$

A の第2列 $\begin{bmatrix} b \\ d \end{bmatrix}$ を $\begin{bmatrix} p \\ q \end{bmatrix}$ で置き換えれば $y=\dfrac{1}{|A|}\begin{vmatrix} a & p \\ c & q \end{vmatrix}$ を得るので（確認せよ）次が成り立つ．

定理 6.5. [クラメールの公式]

$|A|=\begin{vmatrix} a & b \\ c & d \end{vmatrix}\neq 0$ のとき，連立1次方程式 $\begin{cases} ax+by=p \\ cx+dy=q \end{cases}$ の解は次で与えられる．

$$x=\frac{1}{|A|}\begin{vmatrix} p & b \\ q & d \end{vmatrix}=\frac{pd-bq}{|A|} \qquad y=\frac{1}{|A|}\begin{vmatrix} a & p \\ c & q \end{vmatrix}=\frac{aq-pc}{|A|}$$

つまり x, y はそれぞれ A の第1列，第2列を $\begin{bmatrix} p \\ q \end{bmatrix}$ で置き換えた行列の行列式を A の行列式 $|A|$ で割れば得られる．また，得られた解が正しいことを確認するには，与えられた連立1次方程式に代入して等式が成り立つことを確認すればよい．

例題 6.8. 次の連立1次方程式をクラメールの公式を用いて解け．$\begin{cases} 5x+3y=9 \\ 11x+7y=5 \end{cases}$ $\cdots$①

答．$\begin{vmatrix} 5 & 3 \\ 11 & 7 \end{vmatrix}=5\cdot 7-3\cdot 11=2\neq 0$ だからクラメールの公式より

$x=\dfrac{1}{2}\begin{vmatrix} 9 & 3 \\ 5 & 7 \end{vmatrix}=\dfrac{63-15}{2}=\dfrac{48}{2}$, $y=\dfrac{1}{2}\begin{vmatrix} 5 & 9 \\ 11 & 5 \end{vmatrix}=\dfrac{25-99}{2}=\dfrac{-74}{2}$ だから $x=24$, $y=-37$.

確認 得られた解を ① に代入すると $\begin{cases} 5\cdot 24+3(-37)=120-111=9 \\ 11\cdot 24+7(-37)=264-259=5 \end{cases}$ より正しい．

定理 6.5 と同様にして次も得られる.

定理 6.6. [クラメールの公式]

$|A| = \begin{vmatrix} a & b & c \\ d & e & f \\ g & h & i \end{vmatrix} \neq 0$ のとき, 連立 1 次方程式 $\begin{cases} ax+by+cz=p \\ dx+ey+fz=q \\ gx+hy+iz=r \end{cases}$ の解は次で与えられる.

$$x = \frac{1}{|A|}\begin{vmatrix} p & b & c \\ q & e & f \\ r & h & i \end{vmatrix} \qquad y = \frac{1}{|A|}\begin{vmatrix} a & p & c \\ d & q & f \\ g & r & i \end{vmatrix} \qquad z = \frac{1}{|A|}\begin{vmatrix} a & b & p \\ d & e & q \\ g & h & r \end{vmatrix}$$

例題 6.9. 次の連立 1 次方程式をクラメールの公式を用いて解け. $\begin{cases} 2x-y-z=2 \\ 3x-y+2z=1 \\ x \quad -3z=5 \end{cases} \cdots ②$

答. $\begin{vmatrix} 2 & -1 & -1 \\ 3 & -1 & 2 \\ 1 & 0 & -3 \end{vmatrix} = 6-2-1-9 = -6 \neq 0$ だからクラメールの公式より

$$x = -\frac{1}{6}\begin{vmatrix} 2 & -1 & -1 \\ 1 & -1 & 2 \\ 5 & 0 & -3 \end{vmatrix} = -\frac{1}{6}(-12) = 2, \quad y = -\frac{1}{6}\begin{vmatrix} 2 & 2 & -1 \\ 3 & 1 & 2 \\ 1 & 5 & -3 \end{vmatrix} = -\frac{1}{6}(-18) = 3,$$

$$z = -\frac{1}{6}\begin{vmatrix} 2 & -1 & 2 \\ 3 & -1 & 1 \\ 1 & 0 & 5 \end{vmatrix} = -\frac{6}{6} = -1.$$ したがって $x=2,\ y=3,\ z=-1$.

確認 得られた解を ② に代入すると $\begin{cases} 2\cdot 2-3-(-1)=2 \\ 3\cdot 2-3+2(-1)=1 \\ 2 \quad -3(-1)=5 \end{cases}$ より正しい.

問題 6.3

1. 次の連立 1 次方程式をクラメールの公式を用いて解け.

(1) $\begin{cases} 3x+5y=16 \\ 2x+4y=10 \end{cases}$ (2) $\begin{cases} 2x+3y=5 \\ 3x+2y=7 \end{cases}$ (3) $\begin{cases} 5x+3y=15 \\ 7x+4y=13 \end{cases}$

(4) $\begin{cases} x-y+2z=0 \\ 2x-y+z=1 \\ 2y+z=2 \end{cases}$ (5) $\begin{cases} 2x+y-2z=2 \\ x+3y=1 \\ y+z=3 \end{cases}$ (6) $\begin{cases} 2x-y+z=1 \\ -2x+3y-2z=0 \\ -2x+2y-z=2 \end{cases}$

第 7 章　行列の積

前半では主に平面ベクトルや 2 次正方行列を扱った．後半では空間ベクトルや 3 次正方行列を中心に，より一般的なベクトルや行列を扱う．行列のスカラー倍，和，差は第 1 章で定義した．

7.1　行列の積

行列 A, B の積は A の列の個数と B の行の個数が等しいときに定義される．

まず $1\times n$ 行列 $A=\begin{bmatrix} a_1\ a_2\ \cdots\ a_n \end{bmatrix}$ と $n\times 1$ 行列 $B=\begin{bmatrix} b_1 \\ b_2 \\ \vdots \\ b_n \end{bmatrix}$ の積を次のように定義する．

$$AB=\begin{bmatrix} a_1\ a_2\ \cdots\ a_n \end{bmatrix}\begin{bmatrix} b_1 \\ b_2 \\ \vdots \\ b_n \end{bmatrix}=a_1b_1+a_2b_2+\cdots+a_nb_n=\sum_{k=1}^{n}a_kb_k$$

そして $m\times \underline{n}$ 行列 A と $\underline{n}\times l$ 行列 B の**積** AB は次のように表される $m\times l$ 行列である．

$$AB=[c_{ij}],\quad c_{ij}=\begin{bmatrix} a_{i1}\ a_{i2}\ \cdots\ a_{in} \end{bmatrix}\begin{bmatrix} b_{1j} \\ b_{2j} \\ \vdots \\ b_{nj} \end{bmatrix}=a_{i1}b_{1j}+a_{i2}b_{2j}+\cdots+a_{in}b_{nj}=\sum_{k=1}^{n}a_{ik}b_{kj}$$

例題 7.1. $A=\begin{bmatrix} 1 \\ 0 \\ 3 \end{bmatrix}$, $B=\begin{bmatrix} 1 & 0 \\ 0 & 2 \\ 1 & 3 \end{bmatrix}$, $C=\begin{bmatrix} 1 & -1 & 2 \\ 2 & 0 & 3 \\ 0 & 1 & -1 \end{bmatrix}$, $D=\begin{bmatrix} 1 & 0 & 2 & 4 \\ -2 & 3 & 1 & 0 \\ -1 & 1 & 3 & 1 \end{bmatrix}$, $\boldsymbol{a}=\begin{bmatrix} 4 \\ -1 \\ 2 \end{bmatrix}$, $\boldsymbol{x}=\begin{bmatrix} x \\ y \\ z \end{bmatrix}$

であるとき，次の積が定義できるか否か判定し，定義できるものは計算せよ．

(1) $A\boldsymbol{a}$　(2) ${}^tA\boldsymbol{a}$　(3) ${}^tA\boldsymbol{x}$　(4) $A\,{}^tA$　(5) AB　(6) ${}^tAB$　(7) ${}^tAC$

(8) BC　(9) CB　(10) ${}^tBD$　(11) DC　(12) $C\boldsymbol{x}$　(13) $D\boldsymbol{a}$　(14) $D\,{}^tD$

解説. まず，n 次元ベクトルは $n\times 1$ 行列でもあることに注意しよう．すると $A, \boldsymbol{a}, \boldsymbol{x}$ は 3×1 型で B, C, D の型はそれぞれ順に 3×2, 3×3, 3×4 である．また，${}^tA=\begin{bmatrix} 1 & 0 & 3 \end{bmatrix}$ は 1×3 型，

${}^tB=\begin{bmatrix} 1 & 0 & 1 \\ 0 & 2 & 3 \end{bmatrix}$ は 2×3 型，${}^tD=\begin{bmatrix} 1 & -2 & -1 \\ 0 & 3 & 1 \\ 2 & 1 & 3 \\ 4 & 0 & 1 \end{bmatrix}$ は 4×3 型である．

$A\ \ \boldsymbol{a}$	${}^tA\ \ \boldsymbol{a}$	${}^tA\ \ \boldsymbol{x}$	$A\ \ {}^tA$	$A\ \ B$	${}^tA\ \ B$	${}^tA\ \ C$
3×1 3×1	1×3 3×1	1×3 3×1	3×1 1×3	3×1 3×2	1×3 3×2	1×3 3×3
$B\ \ C$	$C\ \ B$	${}^tB\ \ D$	$D\ \ C$	$C\ \ \boldsymbol{x}$	$D\ \ \boldsymbol{a}$	$D\ \ {}^tD$
3×2 3×3	3×3 3×2	2×3 3×4	3×4 3×3	3×3 3×1	3×4 3×1	3×4 4×3

よって，(1), (5), (8), (11), (13) は定義できず，それ以外については次のようになる．

(2) $${}^tA\,\boldsymbol{a} = \begin{bmatrix} 1 & 0 & 3 \end{bmatrix}\begin{bmatrix} 4 \\ -1 \\ 2 \end{bmatrix} = \begin{bmatrix} 1\cdot 4 + 0\cdot(-1) + 3\cdot 2 \end{bmatrix} = \begin{bmatrix} 10 \end{bmatrix} = 10$$

(3) $${}^tA\,\boldsymbol{x} = \begin{bmatrix} 1 & 0 & 3 \end{bmatrix}\begin{bmatrix} x \\ y \\ z \end{bmatrix} = \begin{bmatrix} 1\cdot x + 0\cdot y + 3\cdot z \end{bmatrix} = \begin{bmatrix} x + 3z \end{bmatrix} = x + 3z$$

(4) $$A\,{}^tA = \begin{bmatrix} 1 \\ 0 \\ 3 \end{bmatrix}\begin{bmatrix} 1 & 0 & 3 \end{bmatrix} = \begin{bmatrix} 1\cdot 1 & 1\cdot 0 & 1\cdot 3 \\ 0\cdot 1 & 0\cdot 0 & 0\cdot 3 \\ 3\cdot 1 & 3\cdot 0 & 3\cdot 3 \end{bmatrix} = \begin{bmatrix} 1 & 0 & 3 \\ 0 & 0 & 0 \\ 3 & 0 & 9 \end{bmatrix}$$

(6) $${}^tAB = \begin{bmatrix} 1 & 0 & 3 \end{bmatrix}\begin{bmatrix} 1 & 0 \\ 0 & 2 \\ 1 & 3 \end{bmatrix} = \begin{bmatrix} 1\cdot 1 + 0\cdot 0 + 3\cdot 1 & 1\cdot 0 + 0\cdot 2 + 3\cdot 3 \end{bmatrix} = \begin{bmatrix} 4 & 9 \end{bmatrix}$$

(7) $${}^tAC = \begin{bmatrix} 1 & 0 & 3 \end{bmatrix}\begin{bmatrix} 1 & -1 & 2 \\ 2 & 0 & 3 \\ 0 & 1 & -1 \end{bmatrix}$$
$$= \begin{bmatrix} 1\cdot 1 + 0\cdot 2 + 3\cdot 0 & 1\cdot(-1) + 0\cdot 0 + 3\cdot 1 & 1\cdot 2 + 0\cdot 3 + 3\cdot(-1) \end{bmatrix} = \begin{bmatrix} 1 & 2 & -1 \end{bmatrix}$$

(9) $$CB = \begin{bmatrix} 1 & -1 & 2 \\ 2 & 0 & 3 \\ 0 & 1 & -1 \end{bmatrix}\begin{bmatrix} 1 & 0 \\ 0 & 2 \\ 1 & 3 \end{bmatrix} = \begin{bmatrix} 1\cdot 1 + (-1)\cdot 0 + 2\cdot 1 & 1\cdot 0 + (-1)\cdot 2 + 2\cdot 3 \\ 2\cdot 1 + 0\cdot 0 + 3\cdot 1 & 2\cdot 0 + 0\cdot 2 + 3\cdot 3 \\ 0\cdot 1 + 1\cdot 0 + (-1)\cdot 1 & 0\cdot 0 + 1\cdot 2 + (-1)\cdot 3 \end{bmatrix} = \begin{bmatrix} 3 & 4 \\ 5 & 9 \\ -1 & -1 \end{bmatrix}$$

(10) $${}^tBD = \begin{bmatrix} 1 & 0 & 1 \\ 0 & 2 & 3 \end{bmatrix}\begin{bmatrix} 1 & 0 & 2 & 4 \\ -2 & 3 & 1 & 0 \\ -1 & 1 & 3 & 1 \end{bmatrix}$$
$$= \begin{bmatrix} 1\cdot 1 + 0\cdot(-2) + 1\cdot(-1) & 1\cdot 0 + 0\cdot 3 + 1\cdot 1 & 1\cdot 2 + 0\cdot 1 + 1\cdot 3 & 1\cdot 4 + 0\cdot 0 + 1\cdot 1 \\ 0\cdot 1 + 2\cdot(-2) + 3\cdot(-1) & 0\cdot 0 + 2\cdot 3 + 3\cdot 1 & 0\cdot 2 + 2\cdot 1 + 3\cdot 3 & 0\cdot 4 + 2\cdot 0 + 3\cdot 1 \end{bmatrix}$$
$$= \begin{bmatrix} 0 & 1 & 5 & 5 \\ -7 & 9 & 11 & 3 \end{bmatrix}$$

(12) $$C\boldsymbol{x} = \begin{bmatrix} 1 & -1 & 2 \\ 2 & 0 & 3 \\ 0 & 1 & -1 \end{bmatrix}\begin{bmatrix} x \\ y \\ z \end{bmatrix} = \begin{bmatrix} 1\cdot x + (-1)\cdot y + 2\cdot z \\ 2\cdot x + 0\cdot y + 3\cdot z \\ 0\cdot x + 1\cdot y + (-1)\cdot z \end{bmatrix} = \begin{bmatrix} x - y + 2z \\ 2x + 3z \\ y - z \end{bmatrix}$$

(14) $$D\,{}^tD = \begin{bmatrix} 1 & 0 & 2 & 4 \\ -2 & 3 & 1 & 0 \\ -1 & 1 & 3 & 1 \end{bmatrix}\begin{bmatrix} 1 & -2 & -1 \\ 0 & 3 & 1 \\ 2 & 1 & 3 \\ 4 & 0 & 1 \end{bmatrix}$$
$$= \begin{bmatrix} 1\cdot 1 + 0\cdot 0 + 2\cdot 2 + 4\cdot 4 & 1\cdot(-2) + 0\cdot 3 + 2\cdot 1 + 4\cdot 0 & 1\cdot(-1) + 0\cdot 1 + 2\cdot 3 + 4\cdot 1 \\ (-2)\cdot 1 + 3\cdot 0 + 1\cdot 2 + 0\cdot 4 & (-2)\cdot(-2) + 3\cdot 3 + 1\cdot 1 + 0\cdot 0 & (-2)\cdot(-1) + 3\cdot 1 + 1\cdot 3 + 0\cdot 1 \\ (-1)\cdot 1 + 1\cdot 0 + 3\cdot 2 + 1\cdot 4 & (-1)\cdot(-2) + 1\cdot 3 + 3\cdot 1 + 1\cdot 0 & (-1)\cdot(-1) + 1\cdot 1 + 3\cdot 3 + 1\cdot 1 \end{bmatrix}$$
$$= \begin{bmatrix} 21 & 0 & 9 \\ 0 & 14 & 8 \\ 9 & 8 & 12 \end{bmatrix}$$

問題 7.1

1. $A=\begin{bmatrix}2 & 1\\ 1 & 0\end{bmatrix}$, $B=\begin{bmatrix}1 & 0 & 3\\ 2 & -1 & 2\end{bmatrix}$ であるとき，次の積が定義できるか否か判定し，

   定義できるものは計算せよ．(1) AB　(2) BA　(3) $A\,{}^tB$　(4) ${}^tBA$

2. $A=\begin{bmatrix}2 & 1 & 1 & 3\end{bmatrix}$, $B=\begin{bmatrix}2 & 0 & 3 & 1\end{bmatrix}$ であるとき，次の積が定義できるか否か判定し，

   定義できるものは計算せよ．(1) AB　(2) $A\,{}^tB$　(3) ${}^tBA$

3. $A=\begin{bmatrix}1 & -1 & 1\\ -1 & 3 & -2\\ -4 & 2 & 3\end{bmatrix}$, $B=\begin{bmatrix}2 & 1 & 0\\ -1 & 0 & 1\\ -3 & 3 & 2\end{bmatrix}$, $C=\begin{bmatrix}-1\\ 2\\ -4\end{bmatrix}$ であるとき，次を計算せよ．

   (1) AB　(2) BA　(3) A^2　(4) AC

4. $A=\begin{bmatrix}-9 & 8 & -16\\ -6 & 5 & -12\\ 2 & -2 & 3\end{bmatrix}$ であるとき，$A^2=E$ であることを示せ．

第 8 章　行列の簡約化とその応用

8.1　行列と連立 1 次方程式

例題 8.1. 次の連立 1 次方程式を，式の代入を用いずに解け．$\begin{cases} 2x+3y+2z=8\cdots① \\ x \qquad\ \ +\ z=1\cdots② \end{cases}$

解説．まず ① と ② を交換し，次に下の式から上の式の 2 倍を引き，最後に下の式を $\dfrac{1}{3}$ 倍すると下のようになる．最後の式で z を右辺に移せば $\begin{cases} x=1-z \\ y=2 \end{cases}$ となり，$z=a$ とおいて解は $x=1-a,\ y=2,\ z=a$ と求まる．下のいずれの連立 1 次方程式も同じ解を持つことに注意．

$$\begin{cases} 2x+3y+2z=8 \\ x \qquad +\ z=1 \end{cases} \xrightarrow{①\leftrightarrow②} \begin{cases} x \qquad +\ z=1 \\ 2x+3y+2z=8 \end{cases} \xrightarrow{②+①\times(-2)} \begin{cases} x+z=1 \\ 3y=6 \end{cases} \xrightarrow{②\times\frac{1}{3}} \begin{cases} x+z=1 \\ y=2 \end{cases}$$

ところで以下の 4 つの行列の方程式 $A\boldsymbol{x}=\boldsymbol{a}$ は，それぞれ上の連立 1 次方程式に対応している（確認せよ）．連立 1 次方程式の係数のなす行列 A を**係数行列**といい，変数を並べたベクトル $\boldsymbol{x}$ を**変数ベクトル**という．

$$\begin{bmatrix} 2 & 3 & 2 \\ 1 & 0 & 1 \end{bmatrix}\begin{bmatrix} x \\ y \\ z \end{bmatrix}=\begin{bmatrix} 8 \\ 1 \end{bmatrix} \quad \begin{bmatrix} 1 & 0 & 1 \\ 2 & 3 & 2 \end{bmatrix}\begin{bmatrix} x \\ y \\ z \end{bmatrix}=\begin{bmatrix} 1 \\ 8 \end{bmatrix} \quad \begin{bmatrix} 1 & 0 & 1 \\ 0 & 3 & 0 \end{bmatrix}\begin{bmatrix} x \\ y \\ z \end{bmatrix}=\begin{bmatrix} 1 \\ 6 \end{bmatrix} \quad \begin{bmatrix} 1 & 0 & 1 \\ 0 & 1 & 0 \end{bmatrix}\begin{bmatrix} x \\ y \\ z \end{bmatrix}=\begin{bmatrix} 1 \\ 2 \end{bmatrix}$$

ここで $\begin{bmatrix} x \\ y \\ z \end{bmatrix}$ は変化していないので省略し，係数行列 A の右横に $\boldsymbol{a}$ を付け加えた**拡大係数行列** $[A|\boldsymbol{a}]$ に置き換えて上の連立方程式と入れ替えると次のようになる．この章では連立 1 次方程式をこのように拡大係数行列に置き換えて解くことを学ぶ．

$$\left[\begin{array}{ccc|c} 2 & 3 & 2 & 8 \\ 1 & 0 & 1 & 1 \end{array}\right] \xrightarrow{①\leftrightarrow②} \left[\begin{array}{ccc|c} 1 & 0 & 1 & 1 \\ 2 & 3 & 2 & 8 \end{array}\right] \xrightarrow{②+①\times(-2)} \left[\begin{array}{ccc|c} 1 & 0 & 1 & 1 \\ 0 & 3 & 0 & 6 \end{array}\right] \xrightarrow{②\times\frac{1}{3}} \left[\begin{array}{ccc|c} 1 & 0 & 1 & 1 \\ 0 & 1 & 0 & 2 \end{array}\right]$$

まずこの節では最後に得られたような簡単な連立 1 次方程式の解法を学び，次に行列の変形（簡約化という）を学ぶ．続く 2 節では行列の簡約化を用いた一般の連立 1 次方程式の解法を学び，最後の節では簡約化を用いて行列の逆行列を求めることを学ぶ．

簡約行列を導入するためにいくつか言葉を準備する．まず，すべての成分が0である行を**零行**といい，零行でない行，すなわち0でない成分を持つ行を**非零行**という．非零行の0でない成分のうち最も左にある成分*をその行の**主成分**という．非零行の主成分が a_{ij} であるとき，a_{ij} から右にある成分の個数 $(n+1)-j$ をその行の**長さ** l_i という．零行の**長さ**は0とする．

$$\begin{bmatrix} 0 & 0 & 0 \\ 0 & -5 & 0 \\ 4 & 0 & 3 \end{bmatrix} \begin{array}{l} \cdots \text{ 零行，長さは } l_1 = 0. \\ \cdots \text{ 非零行で主成分は } a_{22} = -5\text{，長さは } l_2 = (3+1)-2 = 2. \\ \cdots \text{ 非零行で主成分は } a_{31} = \ \ 4\text{，長さは } l_3 = (3+1)-1 = 3. \end{array}$$

次の2つの条件を満たす行列を**簡約行列**という（n は行の個数）．簡約行列 A の非零行の個数を A の**階数**といい，$\mathrm{rank}A$ と表す．どの行も，どの列も主成分は高々1つしか含まないので $\mathrm{rank}A$ は行の個数 m，列の個数 n のいずれよりも大きくはない．すなわち，$\mathrm{rank}A \leqq \min(m,n)$ である[†]．

(1) $l_1 \geqq l_2 \geqq \cdots \geqq l_m$　（等号成立 $l_i = l_{i+1}$ は $l_i = l_{i+1} = 0$ のときのみ）
(2) 非零行（第 i 行とする）の主成分 a_{ij} は1で，第 j 列は (i,j) 成分以外はすべて0[‡]

例題 8.2. 次の行列 A が簡約行列か否か判定し，簡約行列ならば階数を求めよ．

$$(1)\ A = \begin{bmatrix} 0 & 1 & 0 & 1 \\ 0 & 0 & 1 & 2 \\ 0 & 0 & 0 & 0 \end{bmatrix} \quad (2)\ A = \begin{bmatrix} 0 & 1 & 0 & 0 \\ 0 & 0 & 0 & 1 \\ 0 & 0 & 1 & 0 \end{bmatrix}$$

答．(1) 簡約行列で $\mathrm{rank}A = 2$.
(2) $l_2 = 1, l_3 = 2$ より $l_2 < l_3$ なので
条件 (1) を満たさないので簡約行列でない．

$$(1) \begin{bmatrix} 0 & ① & 0 & 1 \\ 0 & 0 & ① & 2 \\ 0 & 0 & 0 & 0 \end{bmatrix} \quad (2) \begin{bmatrix} 0 & 1 & 0 & 0 \\ 0 & 0 & 0 & \boxed{1} \\ 0 & 0 & \boxed{1} & 0 \end{bmatrix}$$

例題 8.3. 次の連立1次方程式 $A\boldsymbol{x} = \boldsymbol{a}$ を解け．

$$\begin{bmatrix} 1 & 0 & -2 & 0 & 1 \\ 0 & 1 & 0 & 0 & 3 \\ 0 & 0 & 0 & 1 & 1 \end{bmatrix} \begin{bmatrix} x \\ y \\ z \\ w \\ u \end{bmatrix} = \begin{bmatrix} 1 \\ 2 \\ 3 \end{bmatrix}$$

解説．簡約行列 A で与えられる連立1次方程式を解くには，積 $A\boldsymbol{x}$ を計算する際に主成分1に掛からない変数に着目する．このような変数を**主成分に対応しない変数**といい，主成分1に掛かる変数を**主成分に対応する変数**という．すると解は，積 $A\boldsymbol{x}$ を計算して，連立1次方程式を通常の形で書いて，主成分に対応しない変数 z, u を右辺に移項して順に任意の実数 $a, b, \ldots$ とおけば得られる: $x = 1 + 2a - b$, $y = 2 - 3b$, $z = a$, $w = 3 - b$, $u = b$. また，得られた解が与式を満たすことは，実際に代入すれば確かめられる．

* すなわち列数の最も低い成分
† $\min(m,n)$ は m, n のうち大きくない方の数を表す．
‡ すなわち $a_{kj} = 0\ (k \neq i)$

$$\begin{cases} \textcircled{1}x+0\,y-2\,z+0\,w+1\,u=1 \\ 0\,x+\textcircled{1}y+0\,z+0\,w+3\,u=2 \\ 0\,x+0\,y+0\,z+\textcircled{1}w+1\,u=3 \end{cases} \quad \begin{cases} x \quad -2z \quad + \quad u=1 \\ \quad y \qquad +3u=2 \\ \qquad\qquad w+\quad u=3 \end{cases} \quad \begin{cases} x=1+2z-\ u \\ y=2 \qquad -3u \\ w=3 \qquad -\ u \end{cases}$$

主成分に対応しない変数の個数，すなわち任意にとれる実数の個数を**解の自由度**という．主成分に対応する変数の個数，すなわち主成分の個数は係数行列 A の階数だから $n-\mathrm{rank}A$ が解の自由度である．自由度が 0 のとき，つまり $n=\mathrm{rank}A$ のとき，解はただ一つに定まる．

もちろん連立 1 次方程式が解を持たない場合もある．たとえば，次の連立 1 次方程式は $0x+0y+0z=3$ を満たす x, y, z が存在しないので[§]解を持たない．

$$\begin{bmatrix} 1 & 0 & 0 \\ 0 & 1 & 0 \\ 0 & 0 & 0 \end{bmatrix}\begin{bmatrix} x \\ y \\ z \end{bmatrix}=\begin{bmatrix} 1 \\ 2 \\ 3 \end{bmatrix} \Leftrightarrow \begin{cases} 1\,x+0\,y+0\,z=1 \\ 0\,x+1\,y+0\,z=2 \\ 0\,x+0\,y+0\,z=3 \end{cases}$$

ここで係数行列 $A=\begin{bmatrix} 1 & 0 & 0 \\ 0 & 1 & 0 \\ 0 & 0 & 0 \end{bmatrix}$ と拡大係数行列 $\left[A\middle|\boldsymbol{a}\right]=\left[\begin{array}{ccc|c} 1 & 0 & 0 & 1 \\ 0 & 1 & 0 & 2 \\ 0 & 0 & 0 & 3 \end{array}\right]$ の階数を比べてみると[¶] $\mathrm{rank}A=2<3=\mathrm{rank}\left[A\middle|\boldsymbol{a}\right]$ であることに注意．実は連立 1 次方程式が解を持つか否かを見るには係数行列 A と拡大係数行列 $\left[A\middle|\boldsymbol{a}\right]$ の階数を比べればよい．実際，次のようになる．

定理 8.1. 連立 1 次方程式 $A\boldsymbol{x}=\boldsymbol{a}$ が解を持つ $\Leftrightarrow \mathrm{rank}A=\mathrm{rank}\left[A\middle|\boldsymbol{a}\right]$

例題 8.4. 次の連立 1 次方程式 $A\boldsymbol{x}=\boldsymbol{a}$ が解を持つか否か判定し，解を持つならば解と解の自由度を求めよ．

(1) $\begin{bmatrix} 1 & 0 & 2 \\ 0 & 1 & 0 \\ 0 & 0 & 0 \end{bmatrix}\begin{bmatrix} x \\ y \\ z \end{bmatrix}=\begin{bmatrix} 0 \\ 0 \\ 0 \end{bmatrix}$ (2) $\begin{bmatrix} 1 & 0 & 0 & 0 \\ 0 & 1 & 0 & 0 \\ 0 & 0 & 0 & 1 \\ 0 & 0 & 0 & 0 \end{bmatrix}\begin{bmatrix} x \\ y \\ z \\ u \end{bmatrix}=\begin{bmatrix} 1 \\ 0 \\ -2 \\ 3 \end{bmatrix}$

(3) $\begin{bmatrix} 1 & -2 & 0 & 1 \\ 0 & 0 & 1 & -1 \\ 0 & 0 & 0 & 0 \end{bmatrix}\begin{bmatrix} x \\ y \\ z \\ u \end{bmatrix}=\begin{bmatrix} 2 \\ -3 \\ 0 \end{bmatrix}$ (4) $\begin{bmatrix} 1 & 0 & 2/3 \\ 0 & 1 & -1/3 \\ 0 & 0 & 0 \end{bmatrix}\begin{bmatrix} x \\ y \\ z \end{bmatrix}=\begin{bmatrix} 1 \\ 0 \\ 0 \end{bmatrix}$

解説. いずれも n を変数の個数（A の列の数）とする．

(1) $n-\mathrm{rank}A=3-2=1$ より解の自由度は 1．与式に対応する連立 1 次方程式は

$\begin{cases} x+2z=0 \\ \qquad y=0 \end{cases}$, $\begin{cases} x=-2z \\ y=0 \end{cases}$ だから主成分に対応していない変数 z を a とおくと

解は $x=-2a,\ y=0,\ z=a$. **確認** $\begin{bmatrix} 1 & 0 & 2 \\ 0 & 1 & 0 \\ 0 & 0 & 0 \end{bmatrix}\begin{bmatrix} -2a \\ 0 \\ a \end{bmatrix}=\begin{bmatrix} -2a+2a \\ 0 \\ 0 \end{bmatrix}=\begin{bmatrix} 0 \\ 0 \\ 0 \end{bmatrix}$

[§] x, y, z が何であれ，左辺は 0 になり等式が成り立たない．
[¶] A が簡約行列の場合，拡大係数行列 $\left[A\middle|\boldsymbol{a}\right]$ の階数は非零行の個数となる．したがって今の例では 3 である．

(2) $\mathrm{rank}A = 3 \neq 4 = \mathrm{rank}\big[A\big|\boldsymbol{a}\big]$ より解を持たない．

(3) $\mathrm{rank}A = 2 = \mathrm{rank}\big[A\big|\boldsymbol{a}\big]$ より解を持ち，$n-\mathrm{rank}A = 4-2 = 2$ より解の自由度は 2．与式に対応する連立 1 次方程式は $\begin{cases} x-2y+u = 2 \\ z-u = -3 \end{cases}$，$\begin{cases} x = 2+2y-u \\ z = -3+u \end{cases}$ だから主成分に対応していない変数 y, u をそれぞれ a, b とおくと解は $x = 2+2a-b,\ y = a,\ z = -3+b,\ u = b$.

確認 $$\begin{bmatrix} 1 & -2 & 0 & 1 \\ 0 & 0 & 1 & -1 \\ 0 & 0 & 0 & 0 \end{bmatrix}\begin{bmatrix} 2+2a-b \\ a \\ -3+b \\ b \end{bmatrix} = \begin{bmatrix} (2+2a-b)-2a+b \\ (-3+b)-b \\ 0 \end{bmatrix} = \begin{bmatrix} 2 \\ -3 \\ 0 \end{bmatrix}$$

(4) $\mathrm{rank}A = 2 = \mathrm{rank}\big[A\big|\boldsymbol{a}\big]$ より解を持ち，$n-\mathrm{rank}A = 3-2 = 1$ より解の自由度は 1．

与式に対応する連立 1 次方程式は $\begin{cases} x+\dfrac{2}{3}z = 1 \\ y-\dfrac{1}{3}z = 0 \end{cases}$，$\begin{cases} x = 1-\dfrac{2}{3}z \\ y = \dfrac{1}{3}z \end{cases}$ だから

主成分に対応していない変数 z を $3a$ とおくと[‖] 解は $x = 1-2a,\ y = a,\ z = 3a$.

確認 $$\begin{bmatrix} 1 & 0 & \frac{2}{3} \\ 0 & 1 & -\frac{1}{3} \\ 0 & 0 & 0 \end{bmatrix}\begin{bmatrix} 1-2a \\ a \\ 3a \end{bmatrix} = \begin{bmatrix} (1-2a)+\frac{2}{3}\cdot 3a \\ a-\frac{1}{3}\cdot 3a \\ 0 \end{bmatrix} = \begin{bmatrix} 1 \\ 0 \\ 0 \end{bmatrix}$$

問題 8.1

1. 次の連立 1 次方程式 $A\boldsymbol{x} = \boldsymbol{a}$ が解を持つか否か判定し，

   解を持つならば解と解の自由度を求めよ．

(1) $\begin{bmatrix} 1 & 0 & 0 \\ 0 & 0 & 1 \\ 0 & 0 & 0 \end{bmatrix}\begin{bmatrix} x \\ y \\ z \end{bmatrix} = \begin{bmatrix} 0 \\ 0 \\ 0 \end{bmatrix}$　(2) $\begin{bmatrix} 1 & 0 & 0 \\ 0 & 0 & 1 \\ 0 & 0 & 0 \end{bmatrix}\begin{bmatrix} x \\ y \\ z \end{bmatrix} = \begin{bmatrix} 1 \\ 2 \\ 3 \end{bmatrix}$　(3) $\begin{bmatrix} 1 & 0 & 0 \\ 0 & 0 & 1 \\ 0 & 0 & 0 \end{bmatrix}\begin{bmatrix} x \\ y \\ z \end{bmatrix} = \begin{bmatrix} 1 \\ 2 \\ 0 \end{bmatrix}$

(4) $\begin{bmatrix} 1 & 0 & 1 & 0 \\ 0 & 1 & 2 & 0 \\ 0 & 0 & 0 & 1 \end{bmatrix}\begin{bmatrix} x \\ y \\ z \\ u \end{bmatrix} = \begin{bmatrix} 0 \\ 0 \\ 0 \end{bmatrix}$　(5) $\begin{bmatrix} 1 & 0 & 1 & 0 \\ 0 & 1 & 2 & 0 \\ 0 & 0 & 0 & 1 \end{bmatrix}\begin{bmatrix} x \\ y \\ z \\ u \end{bmatrix} = \begin{bmatrix} 2 \\ 3 \\ 0 \end{bmatrix}$

(6) $\begin{bmatrix} 1 & 2 & 0 & 1 \\ 0 & 0 & 1 & 2 \\ 0 & 0 & 0 & 0 \end{bmatrix}\begin{bmatrix} x \\ y \\ z \\ u \end{bmatrix} = \begin{bmatrix} 0 \\ 0 \\ 0 \end{bmatrix}$　(7) $\begin{bmatrix} 1 & 2 & 0 & 1 \\ 0 & 0 & 1 & 2 \\ 0 & 0 & 0 & 0 \end{bmatrix}\begin{bmatrix} x \\ y \\ z \\ u \end{bmatrix} = \begin{bmatrix} 3 \\ 4 \\ 0 \end{bmatrix}$

(8) $\begin{bmatrix} 1 & 0 & 2/5 \\ 0 & 1 & 3/5 \\ 0 & 0 & 0 \end{bmatrix}\begin{bmatrix} x \\ y \\ z \end{bmatrix} = \begin{bmatrix} 0 \\ 0 \\ 0 \end{bmatrix}$　(9) $\begin{bmatrix} 1 & 0 & 2/5 \\ 0 & 1 & 3/5 \\ 0 & 0 & 0 \end{bmatrix}\begin{bmatrix} x \\ y \\ z \end{bmatrix} = \begin{bmatrix} 4 \\ 1 \\ 0 \end{bmatrix}$

‖ もし $z = a$ とおけば解は $x = 1-\dfrac{2}{3}a,\ y = \dfrac{1}{3}a,\ z = a$ となる．

8.2 行基本変形と簡約化

行列に対する次の3つの操作を**行基本変形**という.

[1] 第 s 行を c 倍する $(c \neq 0)$ （ⓢ $\times c$ と記す）

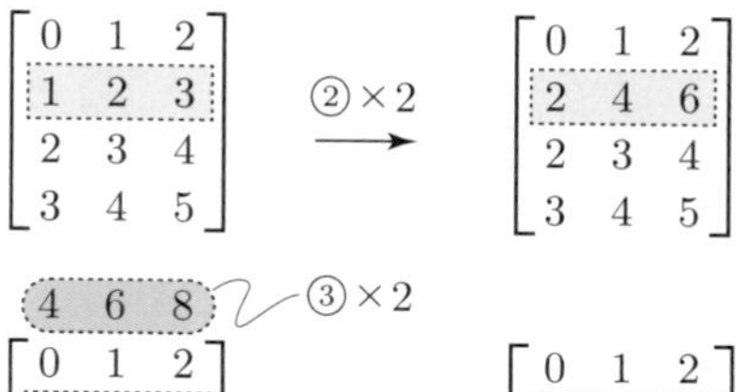

[2] 第 s 行に，第 t 行を c 倍したものを加える

（$s \neq t, c \neq 0$） （ⓢ $+$ ⓣ $\times c$ と記す）

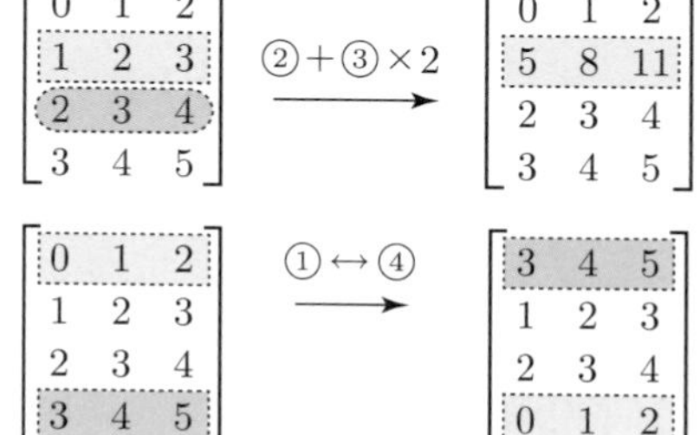

[3] 第 s 行と第 t 行を交換する $(s \neq t)$

（ⓢ $\leftrightarrow$ ⓣ と記す）

$$\begin{bmatrix} 0 & 1 & 2 \\ 1 & 2 & 3 \\ 2 & 3 & 4 \\ 3 & 4 & 5 \end{bmatrix} \xrightarrow{①\leftrightarrow④} \begin{bmatrix} 3 & 4 & 5 \\ 1 & 2 & 3 \\ 2 & 3 & 4 \\ 0 & 1 & 2 \end{bmatrix}$$

変形前と変形後の行列は矢印でつなぐ*. その際どのような変形をしたのか明記するとよい. 基本変形 [1], [2] で行を c 倍するというのは，その行の各成分を c 倍するということである. c で割りたいときは $\dfrac{1}{c}$ を掛ければよい. また，基本変形 [2] では，変形する行列の上や下に第 t 行目を c 倍したものを書いておくと計算しやすい（右上図の例参照）.

例題 8.5. 行列 A に対して次の基本変形を順にせよ.

(1) 第1行と第2行を交換.

(2) 第3行に，第1行を (-2) 倍したものを加える.

(3) 第4行に，第1行を (-3) 倍したものを加える.

$$A = \begin{bmatrix} 0 & 1 & 2 \\ 1 & 2 & 3 \\ 2 & 3 & 4 \\ 3 & 4 & 5 \end{bmatrix}$$

解説.

$$\begin{bmatrix} 0 & 1 & 2 \\ 1 & 2 & 3 \\ 2 & 3 & 4 \\ 3 & 4 & 5 \end{bmatrix} \xrightarrow{①\leftrightarrow②} \begin{bmatrix} 1 & 2 & 3 \\ 0 & 1 & 2 \\ 2 & 3 & 4 \\ 3 & 4 & 5 \end{bmatrix} \xrightarrow[\substack{③+①\times(-2) \\ ④+①\times(-3)}]{} \begin{bmatrix} 1 & 2 & 3 \\ 0 & 1 & 2 \\ 0 & -1 & -2 \\ 0 & -2 & -4 \end{bmatrix}$$

$-2\ -4\ -6$ （①$\times(-2)$）

$-3\ -6\ -9$ （①$\times(-3)$）

上のように実数倍して加える行が同じならば†，複数の基本変形 [2] を一度に行ってもよい. また，この例ではないが，複数の行についての基本変形 [1] も一度に行ってよい.

定理 8.2. どの行列 A も，行基本変形によって簡約行列に変形できる. 簡約行列は A に対してただ一つに定まる.

行列 A について上のようにただ一つに定まる簡約行列を A の**簡約行列**といい，行基本変形によって行列 A を簡約行列にすることを行列 A の**簡約化**という. 行列 A の**階数** $\mathrm{rank}A$ は A の簡約行列の階数と定める.

---

* 変形の前後の行列は異なるので等号ではつながない.

† 今は第1行.

定理8.2により，どのような順序で行基本変形を行っても得られる簡約行列は同じである．ここでは1つのやり方を紹介する．まず，行列 A の行および列の間に縦線と横線を引いて全体を4個の長方形（A の**小行列**という）に分割することを行列の**区分け**という‡.

まず行列 A に対し，1行目の上に横線を1列目の左に縦線を引く§．そして以下の手順に従って縦線を右に，横線を下に移動させていき，縦線が右端について右に列がなくなるか，横線が下端について下に行がなくなるかすれば完了である．各段階では次のことに注意されたい．

・小行列に着目するが，基本変形は行列全体に施す．
・左上の小行列は零行のない小行列で，左下の小行列は零行列である．

右下の小行列 D_k の第1列に0でない成分がなければ縦線を右に1列移動させ，
0でない成分があれば次の(1)-(3)を行った後，縦線を右に1列，横線を下に1行移動させる．
(1) 必要なら横線より下の行に基本変形[3]を行って D_k の $(1,1)$ 成分が0でないようにする．
(2) 必要なら横線の真下の行に基本変形[1]を行って D_k の $(1,1)$ 成分を1にする．
(3) 横線の真下以外の行に対し，横線の真下の行のスカラー倍を加えて（基本変形[2]）
　縦線の右隣の行の成分を0にする．

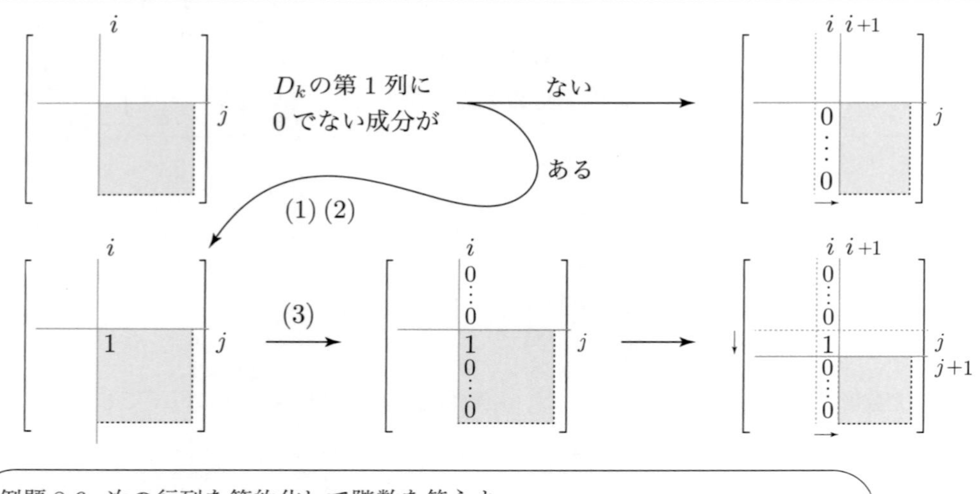

例題 8.6. 次の行列を簡約化して階数を答えよ．

(1) $\begin{bmatrix} 1 & 2 & 0 \\ 3 & 7 & 0 \\ 2 & 7 & 0 \end{bmatrix}$　(2) $\begin{bmatrix} 1 & 3 & -1 & 2 \\ -2 & -5 & 1 & -4 \\ 2 & 8 & -3 & 5 \end{bmatrix}$　(3) $\begin{bmatrix} 0 & 0 & 3 & 6 & 1 \\ 0 & 2 & 4 & 10 & 4 \\ 0 & 3 & 8 & 19 & 7 \end{bmatrix}$

答．　階数は (1) 2 (2) 3 (3) 3．簡約化は以下の通り¶.

---

‡ 複数本の縦線と横線を引いて分けることもある．
§ よって左上，左下，右上の小行列はない．
¶ ここでは紹介したやり方に沿っているので，行列によってはもっと簡単なやり方がある．例えば (3) では4つめの行列に対し基本変形[2]（②－③）を行えば，途中で分数が出てくることもなくより簡単に簡約化できる．

(1) $\begin{bmatrix} 1 & 2 & 0 \\ 3 & 7 & 0 \\ 2 & 7 & 0 \end{bmatrix} \xrightarrow[\text{③}-\text{①}\times 2]{\text{②}-\text{①}\times 3} \begin{bmatrix} 1 & 2 & 0 \\ 0 & 1 & 0 \\ 0 & 3 & 0 \end{bmatrix} \xrightarrow[\text{③}-\text{②}\times 3]{\text{①}-\text{②}\times 2} \begin{bmatrix} 1 & 0 & 0 \\ 0 & 1 & 0 \\ 0 & 0 & 0 \end{bmatrix}$

(2) $\begin{bmatrix} 1 & 3 & -1 & 2 \\ -2 & -5 & 1 & -4 \\ 2 & 8 & -3 & 5 \end{bmatrix} \xrightarrow[\text{③}-\text{①}\times 2]{\text{②}+\text{①}\times 2} \begin{bmatrix} 1 & 3 & -1 & 2 \\ 0 & 1 & -1 & 0 \\ 0 & 2 & -1 & 1 \end{bmatrix} \xrightarrow[\text{③}-\text{②}\times 2]{\text{①}-\text{②}\times 3} \begin{bmatrix} 1 & 0 & 2 & 2 \\ 0 & 1 & -1 & 0 \\ 0 & 0 & 1 & 1 \end{bmatrix} \xrightarrow{\text{①}-\text{③}\times 2,\ \text{②}+\text{③}} \begin{bmatrix} 1 & 0 & 0 & 0 \\ 0 & 1 & 0 & 1 \\ 0 & 0 & 1 & 1 \end{bmatrix}$

(3) $\begin{bmatrix} 0 & 0 & 3 & 6 & 1 \\ 0 & 2 & 4 & 10 & 4 \\ 0 & 3 & 8 & 19 & 7 \end{bmatrix} \xrightarrow{\text{①}\leftrightarrow\text{②}} \begin{bmatrix} 0 & 2 & 4 & 10 & 4 \\ 0 & 0 & 3 & 6 & 1 \\ 0 & 3 & 8 & 19 & 7 \end{bmatrix} \xrightarrow{\text{①}\times\frac{1}{2}} \begin{bmatrix} 0 & 1 & 2 & 5 & 2 \\ 0 & 0 & 3 & 6 & 1 \\ 0 & 3 & 8 & 19 & 7 \end{bmatrix} \xrightarrow[\text{③}-\text{①}\times 3]{} \begin{bmatrix} 0 & 1 & 2 & 5 & 2 \\ 0 & 0 & 3 & 6 & 1 \\ 0 & 0 & 2 & 4 & 1 \end{bmatrix}$

$\xrightarrow{\text{②}\times\frac{1}{3}} \begin{bmatrix} 0 & 1 & 2 & 5 & 2 \\ 0 & 0 & 1 & 2 & 1/3 \\ 0 & 0 & 2 & 4 & 1 \end{bmatrix} \xrightarrow[\text{③}-\text{②}\times 2]{\text{①}-\text{②}\times 2} \begin{bmatrix} 0 & 1 & 0 & 1 & 4/3 \\ 0 & 0 & 1 & 2 & 1/3 \\ 0 & 0 & 0 & 0 & 1/3 \end{bmatrix} \xrightarrow[\text{③}\times 3]{} \begin{bmatrix} 0 & 1 & 0 & 1 & 4/3 \\ 0 & 0 & 1 & 2 & 1/3 \\ 0 & 0 & 0 & 0 & 1 \end{bmatrix} \xrightarrow[\text{②}-\text{③}\times\frac{1}{3}]{\text{①}-\text{③}\times\frac{4}{3}} \begin{bmatrix} 0 & 1 & 0 & 1 & 0 \\ 0 & 0 & 1 & 2 & 0 \\ 0 & 0 & 0 & 0 & 1 \end{bmatrix}$

行基本変形はある正則行列を左から掛けることに対応している．たとえば $3 \times n$ 行列において

[1] 第 2 行を 3 倍すること　　[2] 第 3 行に，第 1 行を 2 倍したものを加えること

[3] 第 2 行と第 3 行を交換することは，

それぞれ<u>左から</u> [1] $\begin{bmatrix} 1 & 0 & 0 \\ 0 & 3 & 0 \\ 0 & 0 & 1 \end{bmatrix}$, [2] $\begin{bmatrix} 1 & 0 & 0 \\ 0 & 1 & 0 \\ 2 & 0 & 1 \end{bmatrix}$, [3] $\begin{bmatrix} 1 & 0 & 0 \\ 0 & 0 & 1 \\ 0 & 1 & 0 \end{bmatrix}$ を掛けることに対応している．

したがって，これらの行列を順に P_1, P_2, P_3 とすれば，$3 \times n$ 行列 A に [1],[2],[3] の変形を順に行って得られた行列は $P_3P_2P_1A$ である．

問題 8.2

1. 次の行列を簡約化せよ．

(1) $\begin{bmatrix} 2 & 0 & 4 \\ 0 & 1 & 3 \end{bmatrix}$ (2) $\begin{bmatrix} 1 & 0 & 3 \\ 2 & 1 & 7 \end{bmatrix}$ (3) $\begin{bmatrix} 0 & 1 & 5 \\ 1 & 0 & -2 \end{bmatrix}$ (4) $\begin{bmatrix} 1 & 3 & 1 \\ 1 & 5 & -3 \end{bmatrix}$ (5) $\begin{bmatrix} 3 & 6 & 3 \\ 2 & 3 & 2 \end{bmatrix}$

2. 次の行列を簡約化して階数を答えよ．

(1) $\begin{bmatrix} 1 & -1 & 1 \\ 2 & -1 & 2 \\ 1 & 1 & 2 \end{bmatrix}$ (2) $\begin{bmatrix} 1 & 2 & 4 \\ 1 & 3 & 5 \\ 0 & 3 & 3 \end{bmatrix}$ (3) $\begin{bmatrix} 1 & 0 & 1 \\ 3 & 3 & 0 \\ 2 & 3 & -1 \end{bmatrix}$ (4) $\begin{bmatrix} 1 & 2 & -1 \\ -2 & -3 & 1 \\ 2 & 2 & 3 \end{bmatrix}$ (5) $\begin{bmatrix} 1 & 2 & -3 \\ 3 & 6 & 4 \\ 2 & 4 & 3 \end{bmatrix}$

(6) $\begin{bmatrix} 6 & 3 & 0 & 2 \\ 6 & 3 & 3 & 0 \\ 6 & 3 & -3 & 4 \end{bmatrix}$ (7) $\begin{bmatrix} 1 & -1 & 0 & 1 \\ -1 & 2 & 1 & 0 \\ 1 & 1 & 2 & 4 \\ 2 & -1 & 2 & 6 \end{bmatrix}$ (8) $\begin{bmatrix} 0 & 1 & 2 & 1 \\ 1 & 0 & 1 & 0 \\ 1 & 2 & 5 & 2 \\ 0 & 0 & 1 & 0 \end{bmatrix}$ (9) $\begin{bmatrix} 1 & 2 & 3 & -2 & 1 \\ 2 & 4 & 1 & 3 & 5 \\ -1 & -2 & 0 & 1 & 1 \\ 1 & 2 & 2 & -3 & 0 \end{bmatrix}$

3. $\begin{bmatrix} a & b & c & d \\ e & f & g & h \\ i & j & k & l \end{bmatrix}$ について，上に与えられた 3 つの行列を左から掛けて，

行基本変形 [1], [2], [3] が実現されることを確認せよ．

8.3　連立 1 次方程式

この節と続く 8.4 節では簡約でない係数行列を持つ連立 1 次方程式 $A\boldsymbol{x} = \boldsymbol{a}$ の解法を学ぶ．簡約行列を係数行列に持つ場合と同様，次が成り立つ．

> 定理 8.3. 連立 1 次方程式 $A\boldsymbol{x} = \boldsymbol{a}$ について次が成り立つ（A は $m \times n$ 行列）．
>
> (1) $\mathrm{rank}\big[A\big|\boldsymbol{a}\big] = \mathrm{rank}A$ のとき解をもち，解の自由度は $n - \mathrm{rank}A$．したがって，
>
> (2) ただ 1 つの解を持つ $\Leftrightarrow$ 解の自由度は 0 $\Leftrightarrow \mathrm{rank}\big[A\big|\boldsymbol{a}\big] = \mathrm{rank}A = n$.

係数行列 A に，行基本変形を与える正則行列 $P_1, P_2, \ldots, P_m$ を左から順に掛けて（前ページ参照）簡約行列 B が得られたとする（$P = P_m \cdots P_2\, P_1$ とすれば $PA = B$）．このとき連立 1 次方程式 $A\boldsymbol{x} = \boldsymbol{a}$ の両辺に左から P を掛けると $PA\boldsymbol{x} = P\boldsymbol{a}$ となるので $P\boldsymbol{a} = \boldsymbol{b}$ とおけば，$\boldsymbol{x}$ は簡約行列 B で与えられる連立 1 次方程式 $B\boldsymbol{x} = \boldsymbol{b}$ の解でもあることが分かる*.

$$\begin{array}{cc} A & A\boldsymbol{x} = \boldsymbol{a} \\ \downarrow & \\ PA & PA\boldsymbol{x} = P\boldsymbol{a} \\ \parallel & \\ B & B\boldsymbol{x} = \boldsymbol{b} \end{array}$$

したがって，連立 1 次方程式 $A\boldsymbol{x} = \boldsymbol{a}$ を解くには拡大係数行列 $\big[A\big|\boldsymbol{a}\big]$ に対し，A を簡約化し，その際 $\boldsymbol{a}$ も同じように行基本変形して得られた，係数行列が簡約行列である拡大係数行列 $\big[B\big|\boldsymbol{b}\big]$ を持つ連立 1 次方程式 $B\boldsymbol{x} = \boldsymbol{b}$ を解けばよい．このように，連立 1 次方程式を行基本変形を用いて解く方法を**掃き出し法**という．

$$\begin{array}{ccc} \left[\begin{array}{c|c} A & \boldsymbol{a} \end{array}\right] & \Leftrightarrow & A\boldsymbol{x} = \boldsymbol{a} \\ \downarrow \ A\text{を簡約化} & & \\ \left[\begin{array}{c|c} PA & P\boldsymbol{a} \end{array}\right] & \Leftrightarrow & PA\boldsymbol{x} = P\boldsymbol{a} \\ \parallel & & \\ \left[\begin{array}{c|c} B & \boldsymbol{b} \end{array}\right] & \Leftrightarrow & B\boldsymbol{x} = \boldsymbol{b} \end{array}$$

> 例題 8.7. 掃き出し法を用いて次の連立 1 次方程式が解を持つか否か判定し，
> 解を持つならば解と解の自由度を求めよ．
>
> (1) $\begin{cases} x - y + z = 1 \\ 3x - 5y + 7z = -1 \\ 2x + y - 4z = 8 \end{cases}$　(2) $\begin{cases} x + 3y - z = 5 \\ 3y - 3z = 3 \\ x + 5y - 3z = 8 \end{cases}$　(3) $\begin{cases} 2x - 2y + 2z - 2u = -8 \\ 2x - y + 3z = -1 \\ x + 2z + 2u = 5 \\ -x - 2z + 2u = 3 \end{cases}$

答．いずれも係数行列を A とし，n を変数の個数（A の列の数）とする．

(1) 次の変形により $\mathrm{rank}A = 2 = \mathrm{rank}\big[A\big|\boldsymbol{a}\big]$ だから解を持ち，$n - \mathrm{rank}A = 3 - 2 = 1$ より解の自由度は 1．得られた拡大係数行列に対応する連立 1 次方程式は $\begin{cases} x - z = 3 \\ y - 2z = 2 \end{cases}$, $\begin{cases} x = 3 + z \\ y = 2 + 2z \end{cases}$ だから主成分に対応していない変数 z を a とおくと解は $x = 3 + a$, $y = 2 + 2a$, $z = a$.

---

* P が正則行列なので $B\boldsymbol{x} = \boldsymbol{b}$ であれば，両辺に左から P^{-1} を掛ければ $A\boldsymbol{x} = \boldsymbol{a}$ が得られる．

確認 得られた解が与式を満たすことを確認する．

$(3+a)-(2+2a)+a=1,\quad 3(3+a)-5(2+2a)+7a=-1,\quad 2(3+a)+(2+2a)-4a=8.$

$$\left[\begin{array}{ccc|c}1&-1&1&1\\3&-5&7&-1\\2&1&-4&8\end{array}\right]\xrightarrow[\text{③}-\text{①}\times 2]{\text{②}-\text{①}\times 3}\left[\begin{array}{c|cc|c}1&-1&1&1\\\hline 0&-2&4&-4\\0&3&-6&6\end{array}\right]\xrightarrow[\text{③}\times\frac{1}{3}]{\text{②}\times\left(-\frac{1}{2}\right)}\left[\begin{array}{c|cc|c}1&-1&1&1\\\hline 0&1&-2&2\\0&1&-2&2\end{array}\right]\xrightarrow[\text{③}-\text{②}]{\text{①}+\text{②}}\left[\begin{array}{ccc|c}1&0&-1&3\\0&1&-2&2\\\hline 0&0&0&0\end{array}\right]$$

(2) 下の変形により $\mathrm{rank}A=2\neq 3=\mathrm{rank}\left[A\,\middle|\,\boldsymbol{a}\right]$ だから解を持たない．

$$\left[\begin{array}{ccc|c}1&3&-1&5\\0&3&-3&3\\1&5&-3&8\end{array}\right]\xrightarrow[\text{③}-\text{①}]{}\left[\begin{array}{ccc|c}1&3&-1&5\\0&3&-3&3\\0&2&-2&3\end{array}\right]\xrightarrow{\text{②}\times\frac{1}{3}}\left[\begin{array}{c|cc|c}1&3&-1&5\\\hline 0&1&-1&1\\0&2&-2&3\end{array}\right]\xrightarrow[\text{③}-\text{②}\times 2]{\text{①}-\text{②}\times 3}\left[\begin{array}{ccc|c}1&0&2&2\\0&1&-1&1\\\hline 0&0&0&1\end{array}\right]$$

(3) 下の変形により $\mathrm{rank}A=3=\mathrm{rank}\left[A\,\middle|\,\boldsymbol{a}\right]$ だから解を持ち，$n-\mathrm{rank}A=4-3=1$ より解の自由度は 1．得られた拡大係数行列に対応する連立 1 次方程式は $\begin{cases}x+2z=1\\y+z=3\\u=2\end{cases}$，$\begin{cases}x=1-2z\\y=3-z\\u=2\end{cases}$

だから主成分に対応していない変数 z を a とおくと解は $x=1-2a,\ y=3-a,\ z=a,\ u=2.$

確認 $2(1-2a)-2(3-a)+2a-2\cdot 2=-8,\quad 2(1-2a)-(3-a)+3a=-1,$

$(1-2a)+2a+2\cdot 2=5,\qquad -(1-2a)-2a+2\cdot 2=3$

$$\left[\begin{array}{cccc|c}2&-2&2&-2&-8\\2&-1&3&0&-1\\1&0&2&2&5\\-1&0&-2&2&3\end{array}\right]\xrightarrow{\text{①}\times\frac{1}{2}}\left[\begin{array}{cccc|c}1&-1&1&-1&-4\\2&-1&3&0&-1\\1&0&2&2&5\\-1&0&-2&2&3\end{array}\right]\xrightarrow[\substack{\text{②}-\text{①}\times 2\\\text{③}-\text{①}\\\text{④}+\text{①}}]{}\left[\begin{array}{c|ccc|c}1&-1&1&-1&-4\\\hline 0&1&1&2&7\\0&1&1&3&9\\0&-1&-1&1&-1\end{array}\right]$$

$$=\left[\begin{array}{c|ccc|c}1&-1&1&-1&-4\\\hline 0&1&1&2&7\\0&1&1&3&9\\0&-1&-1&1&-1\end{array}\right]\xrightarrow[\substack{\text{③}-\text{②}\\\text{④}+\text{②}}]{\text{①}+\text{②}}\left[\begin{array}{ccc|c|c}1&0&2&1&3\\0&1&1&2&7\\\hline 0&0&0&1&2\\0&0&0&3&6\end{array}\right]\xrightarrow[\text{④}-\text{③}\times 3]{\substack{\text{①}-\text{③}\\\text{②}-\text{③}\times 2}}\left[\begin{array}{cccc|c}1&0&2&0&1\\0&1&1&0&3\\0&0&0&1&2\\\hline 0&0&0&0&0\end{array}\right]$$

問題 8.3

1. 掃き出し法を用いて次の連立 1 次方程式が解を持つか否か判定し，

 解を持つならば解と解の自由度を求めよ．

(1) $\begin{cases}x+y+z=1\\x+3y-z=1\\3x+y+z=3\end{cases}$ (2) $\begin{cases}3x+9y+5z=2\\2x+6y+3z=2\\x+3y+z=2\end{cases}$ (3) $\begin{cases}2x-2y+z=0\\3x+y-2z=2\\x-5y+4z=1\end{cases}$

(4) $\begin{cases}x+2y+3z=5\\2x+2y+z=2\\3x+2y-z=-1\end{cases}$ (5) $\begin{cases}x+2y+2z+u=7\\2x+4y+3z+u=12\\x+2y+4z+3u=11\end{cases}$ (6) $\begin{cases}3x+3y+3z+u=-3\\2x+y+3z=0\\x+2y+u=-3\\x+5y-3z+3u=-9\end{cases}$

8.4　斉次連立1次方程式

$\boldsymbol{a}=\boldsymbol{o}$ である連立1次方程式 $A\boldsymbol{x}=\boldsymbol{o}$ を**斉次**(せいじ)**連立1次方程式**という*．$\boldsymbol{a}=\boldsymbol{o}$ だから $\mathrm{rank}\left[A\middle|\boldsymbol{a}\right]=\mathrm{rank}\left[A\middle|\boldsymbol{o}\right]=\mathrm{rank}A$ なので，定理8.1より斉次連立1次方程式は解を持つ．実際，$\boldsymbol{x}=\boldsymbol{o}$ が $A\boldsymbol{x}=\boldsymbol{o}$ を満たす．この解 $\boldsymbol{x}=\boldsymbol{o}$ を斉次連立1次方程式の**自明な解**という．

定理8.4. 斉次連立1次方程式 $A\boldsymbol{x}=\boldsymbol{o}$ について次が成り立つ（A は $m\times n$ 行列）．

(1) 必ず解を持ち，解の自由度は $n-\mathrm{rank}A$．したがって，

(2) 自明な解のみを持つ $\Leftrightarrow$ 解の自由度は0 $\Leftrightarrow$ $\mathrm{rank}A=n$.

斉次連立1次方程式の場合，拡大係数行列の右端は（簡約化の過程において常に）$\boldsymbol{o}$ なので省略し，係数行列 A のみを考える．

例題8.8. 掃き出し法を用いて次の斉次連立1次方程式の解と解の自由度を求めよ．

$$(1)\ \begin{cases} x-\ y+\ z=0 \\ 2x+3y-3z=0 \\ 2x-5y+6z=0 \end{cases}\qquad (2)\ \begin{cases} 2x-2y+\ z=0 \\ x+3y-3z=0 \\ x-5y+4z=0 \end{cases}$$

答．いずれも係数行列を A とし，n を変数の個数（A の列の数）とする．

(1) 下の変形により $\mathrm{rank}A=3$．よって $n-\mathrm{rank}A=3-3=0$ より解の自由度は0，すなわち自明な解のみを持つ．

$$\begin{bmatrix} 1 & -1 & 1 \\ 2 & 3 & -3 \\ 2 & -5 & 6 \end{bmatrix} \xrightarrow[\text{③}-\text{①}\times 2]{\text{②}-\text{①}\times 2} \begin{bmatrix} 1 & -1 & 1 \\ 0 & 5 & -5 \\ 0 & -3 & 4 \end{bmatrix} \xrightarrow{\text{②}\times\frac{1}{5}} \begin{bmatrix} 1 & -1 & 1 \\ 0 & 1 & -1 \\ 0 & -3 & 4 \end{bmatrix} \xrightarrow[\text{③}+\text{②}\times 3]{\text{①}+\text{②}} \begin{bmatrix} 1 & 0 & 0 \\ 0 & 1 & -1 \\ 0 & 0 & 1 \end{bmatrix} \xrightarrow{\text{②}+\text{③}} \begin{bmatrix} 1 & 0 & 0 \\ 0 & 1 & 0 \\ 0 & 0 & 1 \end{bmatrix}$$

(2) 下の変形により $\mathrm{rank}A=2$．よって $n-\mathrm{rank}A=3-2=1$ より解の自由度は1.

得られた係数行列に対応する連立1次方程式は $\begin{cases} x-\frac{3}{8}z=0 \\ y-\frac{7}{8}z=0 \end{cases}$，$\begin{cases} x=\frac{3}{8}z \\ y=\frac{7}{8}z \end{cases}$ だから

主成分に対応していない変数 z を $8a$ とおくと† 解は $x=3a,\ y=7a,\ z=8a$.

確認　$2\cdot 3a-2\cdot 7a+8a=0,\quad 3a+3\cdot 7a-3\cdot 8a=0,\quad 3a-5\cdot 7a+4\cdot 8a=0.$

$$\begin{bmatrix} 2 & -2 & 1 \\ 1 & 3 & -3 \\ 1 & -5 & 4 \end{bmatrix} \xrightarrow{\text{①}\times\frac{1}{2}} \begin{bmatrix} 1 & -1 & 1/2 \\ 1 & 3 & -3 \\ 1 & -5 & 4 \end{bmatrix} \xrightarrow[\text{③}-\text{①}]{\text{②}-\text{①}} \begin{bmatrix} 1 & -1 & 1/2 \\ 0 & 4 & -7/2 \\ 0 & -4 & 7/2 \end{bmatrix} \xrightarrow{\text{②}\times\frac{1}{4}} \begin{bmatrix} 1 & -1 & 1/2 \\ 0 & 1 & -7/8 \\ 0 & -4 & 7/2 \end{bmatrix} \xrightarrow[\text{③}+\text{②}\times 4]{\text{①}+\text{②}} \begin{bmatrix} 1 & 0 & -3/8 \\ 0 & 1 & -7/8 \\ 0 & 0 & 0 \end{bmatrix}$$

* 同次連立1次方程式ともいう．もちろん，A は簡約行列である必要はない．

† もし $z=a$ とおけば解は $x=\frac{3}{8}a,\ y=\frac{7}{8}a,\ z=a$ となる．

例題 8.9. 次の方程式 $A\boldsymbol{x}=\lambda\boldsymbol{x}$ を解け． $\begin{bmatrix}3&3&-1\\2&9&-2\\1&7&1\end{bmatrix}\begin{bmatrix}x\\y\\z\end{bmatrix}=2\begin{bmatrix}x\\y\\z\end{bmatrix}$

解説． $A\boldsymbol{x}=\lambda\boldsymbol{x}$ の形の方程式は第 4 章で学んだ固有ベクトルの定義式でもあり，例題のような方程式は第 10 章，第 11 章でも扱う．右辺を左辺に移項すると $A\boldsymbol{x}-\lambda\boldsymbol{x}=\boldsymbol{o}$ となり，$(A-\lambda)\boldsymbol{x}=\boldsymbol{o}$ としたいが A が 2 次以上の正方行列ではできない．しかし E を A と同じ型の単位行列とすれば $\boldsymbol{x}=E\boldsymbol{x}$ より $A\boldsymbol{x}-\lambda E\boldsymbol{x}=\boldsymbol{o}$ となるので，斉次連立 1 次方程式 $(A-\lambda E)\boldsymbol{x}=\boldsymbol{o}$ を解けばよい．

そこで $(A-2E)\boldsymbol{x}=\boldsymbol{o}$, すなわち $\begin{bmatrix}3-2&3&-1\\2&9-2&-2\\1&7&1-2\end{bmatrix}\begin{bmatrix}x\\y\\z\end{bmatrix}=\begin{bmatrix}0\\0\\0\end{bmatrix}$, $\begin{bmatrix}1&3&-1\\2&7&-2\\1&7&-1\end{bmatrix}\begin{bmatrix}x\\y\\z\end{bmatrix}=\begin{bmatrix}0\\0\\0\end{bmatrix}$ を解くと下の変形により $\mathrm{rank}(A-2E)=2$．よって $n-\mathrm{rank}(A-2E)=3-2=1$ より解の自由度は 1．得られた係数行列に対応する連立 1 次方程式は $\begin{cases}x-z=0\\y=0\end{cases}$, $\begin{cases}x=z\\y=0\end{cases}$ だから主成分に対応していない変数 z を a とおくと解は $x=a,\ y=0,\ z=a$.

確認 $\begin{bmatrix}3&3&-1\\2&9&-2\\1&7&1\end{bmatrix}\begin{bmatrix}a\\0\\a\end{bmatrix}=\begin{bmatrix}3a-\ a\\2a-2a\\a+\ a\end{bmatrix}=\begin{bmatrix}2a\\0\\2a\end{bmatrix}=2\begin{bmatrix}a\\0\\a\end{bmatrix}$

$$\begin{bmatrix}1&3&-1\\2&7&-2\\1&7&-1\end{bmatrix}\xrightarrow[\text{③}-\text{①}]{\text{②}-\text{①}\times 2}\begin{bmatrix}1&3&-1\\0&1&0\\0&4&0\end{bmatrix}\xrightarrow[\text{③}-\text{②}\times 4]{\text{①}-\text{②}\times 3}\begin{bmatrix}1&0&-1\\0&1&0\\0&0&0\end{bmatrix}$$

問題 8.4

1. 掃き出し法を用いて次の斉次連立 1 次方程式の解と解の自由度を求めよ．

(1) $\begin{cases}x+2y-\ 4z=0\\-3x-5y+11z=0\\5x+6y-11z=0\end{cases}$　(2) $\begin{cases}x-\ y+3z=0\\-2x+3y+\ z=0\\3x-4y+2z=0\end{cases}$　(3) $\begin{cases}2x+\ y+\ 3z=0\\6x+3y+10z=0\\4x+2y+\ 8z=0\end{cases}$

2. 次の方程式 $A\boldsymbol{x}=\lambda\boldsymbol{x}$ を解け．

(1) $\begin{bmatrix}4&2&1\\2&8&3\\3&7&7\end{bmatrix}\begin{bmatrix}x\\y\\z\end{bmatrix}=3\begin{bmatrix}x\\y\\z\end{bmatrix}$　(2) $\begin{bmatrix}5&-1&1\\3&1&3\\2&-2&6\end{bmatrix}\begin{bmatrix}x\\y\\z\end{bmatrix}=4\begin{bmatrix}x\\y\\z\end{bmatrix}$　(3) $\begin{bmatrix}9&4&1\\0&3&1\\2&1&6\end{bmatrix}\begin{bmatrix}x\\y\\z\end{bmatrix}=5\begin{bmatrix}x\\y\\z\end{bmatrix}$

8.5 逆行列

ここでは行基本変形を使った逆行列の求め方を学ぶ．まず，次が成り立つ．

> 定理 8.5. n 次正方行列 A について，次の3条件は同値である．
>
> (1) A は正則行列である．(2) A の簡約行列は単位行列 E である．(3) $\mathrm{rank}A = n$.
>
> さらに定理 8.3, 8.4 より次の2条件も上の3条件と同値である．
>
> (4) 連立1次方程式 $A\boldsymbol{x} = \boldsymbol{a}$ がただ1つの解を持つ（$\boldsymbol{a}$ は任意の n 次元ベクトル）．
>
> (5) 斉次連立1次方程式 $A\boldsymbol{x} = \boldsymbol{o}$ が自明な解のみを持つ．

$$\begin{array}{cc} A & E \\ \downarrow & \downarrow \\ PA & PE \\ \| & \| \\ E & P \end{array}$$

これまでと同じく正方行列 A に行基本変形を与える正則行列 $P_1, P_2, \ldots, P_m$ を左から掛けて簡約行列 B が得られたとしよう（すなわち $P = P_m \cdots P_2 P_1$ として $PA = B$）．このとき上の定理より

$$A\text{が正則} \Leftrightarrow B = E \cdots ①$$

だから A が正則ならば $PA = E$ となり，P は A の逆行列 A^{-1} である．

$$\left[\begin{array}{c|c} A & E \end{array}\right] \xrightarrow{A\text{を簡約化}} \left[\begin{array}{c|c} PA & PE \end{array}\right] = \left[\begin{array}{c|c} E & P \end{array}\right]$$

ここで E にも A と同じ行基本変形を行うと，すなわち P を左から掛けると $PE = P = A^{-1}$．つまり，A を簡約化する際 E にも同じ行基本変形を行えば，A が E に変形されたとき，E は $P = A^{-1}$ になっているのである（右図参照）．

また①から，簡約行列が単位行列 E とならない場合 A は正則でないので，逆行列を持たない．つまり，行列 $\left[\begin{array}{c|c} A & E \end{array}\right]$ を（A について）簡約化して，得られた行列の縦線より左の部分が単位行列でなければ A は正則でなく，単位行列であれば A は正則で，縦線より右の部分が A^{-1} である．

> 例題 8.10. 簡約化を用いて次の行列 A が正則か否か判定し，正則ならば逆行列を求めよ．
>
> (1) $A = \begin{bmatrix} 1 & 4 \\ 1 & 6 \end{bmatrix}$　(2) $A = \begin{bmatrix} 1 & 2 & 2 \\ 1 & 3 & 4 \\ -1 & -1 & 1 \end{bmatrix}$　(3) $A = \begin{bmatrix} 1 & 2 & 1 & 0 \\ -1 & -1 & 1 & 1 \\ 2 & 4 & 1 & 1 \\ 0 & 1 & 1 & 2 \end{bmatrix}$

解説．(1) 次の変形で最後に得られた行列において，縦線より左の部分が単位行列 E なので A は正則であり，このとき縦線より右の部分が逆行列だから $A^{-1} = \dfrac{1}{2}\begin{bmatrix} 6 & -4 \\ -1 & 1 \end{bmatrix}$.

確認 得られた行列が A の逆行列であることを確認する*．　$\dfrac{1}{2}\begin{bmatrix} 6 & -4 \\ -1 & 1 \end{bmatrix}\begin{bmatrix} 1 & 4 \\ 1 & 6 \end{bmatrix} = \begin{bmatrix} 1 & 0 \\ 0 & 1 \end{bmatrix}$

* 上の変形で最後に得られた行列の右側を P として $PA = E$ となることを確認する．

$$\left[\begin{array}{cc|cc} 1 & 4 & 1 & 0 \\ 1 & 6 & 0 & 1 \end{array}\right] \xrightarrow{\text{②}-\text{①}} \left[\begin{array}{cc|cc} 1 & 4 & 1 & 0 \\ 0 & 2 & -1 & 1 \end{array}\right] \xrightarrow{\text{①}\times\frac{1}{2}} \left[\begin{array}{cc|cc} 1 & 4 & 1 & 0 \\ 0 & 1 & -1/2 & 1/2 \end{array}\right] \xrightarrow{\text{①}-\text{②}\times 4} \left[\begin{array}{cc|cc} 1 & 0 & 3 & -2 \\ 0 & 1 & -1/2 & 1/2 \end{array}\right] \left(=\left[E \,\middle|\, P\right]\right)$$

(2) 下の変形で最後に得られた行列において，縦線より左の部分が単位行列 E なので A は正則であり，このとき縦線より右の部分が逆行列だから $A^{-1} = \begin{bmatrix} 7 & -4 & 2 \\ -5 & 3 & -2 \\ 2 & -1 & 1 \end{bmatrix}$.

$$\left[\begin{array}{ccc|ccc} 1 & 2 & 2 & 1 & 0 & 0 \\ 1 & 3 & 4 & 0 & 1 & 0 \\ -1 & -1 & 1 & 0 & 0 & 1 \end{array}\right] \xrightarrow[\text{③}+\text{①}]{\text{②}-\text{①}} \left[\begin{array}{ccc|ccc} 1 & 2 & 2 & 1 & 0 & 0 \\ 0 & 1 & 2 & -1 & 1 & 0 \\ 0 & 1 & 3 & 1 & 0 & 1 \end{array}\right] \xrightarrow[\text{③}-\text{②}]{\text{①}-\text{②}\times 2} \left[\begin{array}{ccc|ccc} 1 & 0 & -2 & 3 & -2 & 0 \\ 0 & 1 & 2 & -1 & 1 & 0 \\ 0 & 0 & 1 & 2 & -1 & 1 \end{array}\right]$$

$$\xrightarrow[\text{②}-\text{③}\times 2]{\text{①}+\text{③}\times 2} \left[\begin{array}{ccc|ccc} 1 & 0 & 0 & 7 & -4 & 2 \\ 0 & 1 & 0 & -5 & 3 & -2 \\ 0 & 0 & 1 & 2 & -1 & 1 \end{array}\right]$$

確認 $\begin{bmatrix} 7 & -4 & 2 \\ -5 & 3 & -2 \\ 2 & -1 & 1 \end{bmatrix} \begin{bmatrix} 1 & 2 & 2 \\ 1 & 3 & 4 \\ -1 & -1 & 1 \end{bmatrix} = \begin{bmatrix} 1 & 0 & 0 \\ 0 & 1 & 0 \\ 0 & 0 & 1 \end{bmatrix}$

(3) 下の変形で最後に得られた行列において，縦線より左の部分の第 3 行と第 4 行が同じなので $\mathrm{rank}A < 4$ である．よって A は正則ではない（このように階数が行の数よりも少ないことが分かれば定理 8.5 より A が正則でないことが分かるので，最後まで簡約化しなくともよい）.

$$\left[\begin{array}{cccc|cccc} 1 & 2 & 1 & 0 & 1 & 0 & 0 & 0 \\ -1 & -1 & 1 & 1 & 0 & 1 & 0 & 0 \\ 2 & 4 & 1 & 1 & 0 & 0 & 1 & 0 \\ 0 & 1 & 1 & 2 & 0 & 0 & 0 & 1 \end{array}\right] \xrightarrow[\text{③}-\text{①}\times 2]{\text{②}+\text{①}} \left[\begin{array}{cccc|cccc} 1 & 2 & 1 & 0 & 1 & 0 & 0 & 0 \\ 0 & 1 & 2 & 1 & 1 & 1 & 0 & 0 \\ 0 & 0 & -1 & 1 & -2 & 0 & 1 & 0 \\ 0 & 1 & 1 & 2 & 0 & 0 & 0 & 1 \end{array}\right] \xrightarrow[\text{④}-\text{②}]{\text{①}-\text{②}\times 2} \left[\begin{array}{cccc|cccc} 1 & 0 & -3 & -2 & -1 & -2 & 0 & 0 \\ 0 & 1 & 2 & 1 & 1 & 1 & 0 & 0 \\ 0 & 0 & -1 & 1 & -2 & 0 & 1 & 0 \\ 0 & 0 & -1 & 1 & -1 & -1 & 0 & 1 \end{array}\right]$$

問題 8.5

1. 簡約化を用いて次の行列 A が正則か否か判定し，正則ならば逆行列を求めよ．

(1) $A = \begin{bmatrix} 1 & -1 & 1 \\ 2 & -1 & 2 \\ 1 & 1 & 2 \end{bmatrix}$ (2) $A = \begin{bmatrix} 2 & -1 & 1 \\ -2 & 3 & -2 \\ -2 & 2 & -1 \end{bmatrix}$ (3) $A = \begin{bmatrix} 3 & 2 & 3 \\ 4 & 3 & 2 \\ 8 & 4 & 5 \end{bmatrix}$

(4) $A = \begin{bmatrix} 1 & -2 & -1 & 3 \\ -2 & 5 & 3 & -5 \\ 3 & -5 & -1 & 10 \\ 2 & -1 & 2 & 8 \end{bmatrix}$ (5) $A = \begin{bmatrix} 1 & 2 & 1 & 2 \\ -2 & -3 & -2 & -3 \\ 2 & 4 & 2 & 3 \\ -1 & -3 & 0 & 4 \end{bmatrix}$ (6) $A = \begin{bmatrix} 1 & 3 & 2 & 4 \\ -2 & -5 & 0 & -6 \\ 2 & 11 & 12 & 13 \\ 4 & 13 & 12 & 18 \end{bmatrix}$

(7) $A = \begin{bmatrix} 1 & 3 & 2 & 1 \\ 2 & 5 & 3 & 3 \\ 2 & 4 & 4 & 1 \\ 1 & 5 & 3 & 1 \end{bmatrix}$ (8) $A = \begin{bmatrix} 1 & -1 & 0 & 1 \\ -1 & 2 & 1 & 0 \\ 1 & 1 & 2 & 4 \\ 2 & -1 & 2 & 6 \end{bmatrix}$ (9) $A = \begin{bmatrix} 2 & 2 & 3 & 1 \\ 2 & 3 & 4 & 3 \\ 2 & 1 & 1 & 0 \\ 4 & 6 & 7 & 3 \end{bmatrix}$

第9章　行列式

9.1　行列式の定義

前半で2次および3次正方行列の行列式を定義した．ここでは一般の n 次正方行列の行列式を定義する．まず余因子を定義しよう．$(n-1)$ 次正方行列の行列式が定義されているとして* n 次正方行列 $A=[a_{ij}]$ から第 i 行と第 j 列を取り除いて得られる $(n-1)$ 次正方行列を A_{ij} とする．

そして A_{ij} の行列式 $|A_{ij}|$ に $(-1)^{i+j}$ を掛けた $(-1)^{i+j}|A_{ij}|$ を行列 A の (i,j) **余因子**もしくは (i,j) 成分 a_{ij} の**余因子**といい，$\widetilde{a}_{ij}$ と表す．$\widetilde{a}_{ij}$ は A と i,j に対して定まる数である．

$$|A_{ij}|=\begin{vmatrix} a_{11} & \cdots & a_{1j} & \cdots & a_{1n} \\ \vdots & & \vdots & & \vdots \\ a_{i1} & \cdots & a_{ij} & \cdots & a_{in} \\ \vdots & & \vdots & & \vdots \\ a_{n1} & \cdots & a_{nj} & \cdots & a_{nn} \end{vmatrix}$$

色を塗られた成分を取り除く．

$$\widetilde{a}_{ij}=\begin{cases} +|A_{ij}| \cdots i+j \text{ が偶数のとき} \\ -|A_{ij}| \cdots i+j \text{ が奇数のとき} \end{cases}$$

例題 9.1. $A=\begin{bmatrix} 1 & 2 & 3 \\ 4 & 5 & 6 \\ 7 & 8 & 9 \end{bmatrix}$ であるとき，次を求めよ．(1) $(1,1)$ 余因子　(2) $(2,3)$ 余因子

解説．

(1) $\widetilde{a}_{11}=(-1)^{1+1}|A_{11}|=+\begin{vmatrix} 1 & 2 & 3 \\ 4 & 5 & 6 \\ 7 & 8 & 9 \end{vmatrix}=\begin{vmatrix} 5 & 6 \\ 8 & 9 \end{vmatrix}=-3$　(2) $\widetilde{a}_{23}=(-1)^{2+3}|A_{23}|=-\begin{vmatrix} 1 & 2 & 3 \\ 4 & 5 & 6 \\ 7 & 8 & 9 \end{vmatrix}=-\begin{vmatrix} 1 & 2 \\ 7 & 8 \end{vmatrix}=6$

行列式は次のように定義される．下に2次正方行列の行列式の計算例を与える．

定義 (1) 1次正方行列 $A=[a]$ の行列式 $|A|$ を a とする．$|A|=\det[a]=a$

(2) 行列式が $(n-1)$ 次正方行列に対して定義されているとき，n 次正方行列 $A=[a_{ij}]$ の行列式 $|A|$ を次で定義する．$|A|=\displaystyle\sum_{i=1}^{n} a_{i1}\widetilde{a}_{i1}=\sum_{i=1}^{n}(-1)^{i+1}a_{i1}|A_{i1}|$

$$\begin{vmatrix} a_{11} & a_{12} \\ a_{21} & a_{22} \end{vmatrix}=\sum_{i=1}^{2} a_{i1}\widetilde{a}_{i1}=a_{11}\widetilde{a}_{11}+a_{21}\widetilde{a}_{21}=(-1)^2 a_{11}|A_{11}|+(-1)^3 a_{21}|A_{21}|$$

$$=(-1)^2 a_{11}\begin{vmatrix} a_{11} & a_{12} \\ a_{21} & a_{22} \end{vmatrix}+(-1)^3 a_{21}\begin{vmatrix} a_{11} & a_{12} \\ a_{21} & a_{22} \end{vmatrix}=a_{11}a_{22}-a_{21}a_{12}$$

* 行列 A の行列式は $|A|$ もしくは $\det A$ と表す．本書では主に $|A|$ を用いる．

例題 9.2. 次の行列式を計算せよ. (1) $\begin{vmatrix} 1 & 2 & 3 \\ 4 & 5 & 6 \\ 7 & 8 & 9 \end{vmatrix}$ (2) $\begin{vmatrix} 0 & 2 & 1 & 0 \\ 3 & -1 & 5 & -1 \\ 0 & 3 & 0 & 2 \\ 2 & -2 & 1 & 2 \end{vmatrix}$

答. (1) $$\begin{vmatrix} 1 & 2 & 3 \\ 4 & 5 & 6 \\ 7 & 8 & 9 \end{vmatrix} = (-1)^{1+1} a_{11} \begin{vmatrix} 1 & 2 & 3 \\ 4 & 5 & 6 \\ 7 & 8 & 9 \end{vmatrix} + (-1)^{2+1} a_{21} \begin{vmatrix} 1 & 2 & 3 \\ 4 & 5 & 6 \\ 7 & 8 & 9 \end{vmatrix} + (-1)^{3+1} a_{31} \begin{vmatrix} 1 & 2 & 3 \\ 4 & 5 & 6 \\ 7 & 8 & 9 \end{vmatrix}$$

$$= \begin{vmatrix} 5 & 6 \\ 8 & 9 \end{vmatrix} - 4 \begin{vmatrix} 2 & 3 \\ 8 & 9 \end{vmatrix} + 7 \begin{vmatrix} 2 & 3 \\ 5 & 6 \end{vmatrix} = (-3) - 4(-6) + 7(-3) = 0$$

(2) $$\begin{vmatrix} 0 & 2 & 1 & 0 \\ 3 & -1 & 5 & -1 \\ 0 & 3 & 0 & 2 \\ 2 & -2 & 1 & 2 \end{vmatrix} = +0 \begin{vmatrix} 0 & 2 & 1 & 0 \\ 3 & -1 & 5 & -1 \\ 0 & 3 & 0 & 2 \\ 2 & -2 & 1 & 2 \end{vmatrix} - 3 \begin{vmatrix} 0 & 2 & 1 & 0 \\ 3 & -1 & 5 & -1 \\ 0 & 3 & 0 & 2 \\ 2 & -2 & 1 & 2 \end{vmatrix} + 0 \begin{vmatrix} 0 & 2 & 1 & 0 \\ 3 & -1 & 5 & -1 \\ 0 & 3 & 0 & 2 \\ 2 & -2 & 1 & 2 \end{vmatrix} - 2 \begin{vmatrix} 0 & 2 & 1 & 0 \\ 3 & -1 & 5 & -1 \\ 0 & 3 & 0 & 2 \\ 2 & -2 & 1 & 2 \end{vmatrix}$$

$$= -3 \begin{vmatrix} 2 & 1 & 0 \\ 3 & 0 & 2 \\ -2 & 1 & 2 \end{vmatrix} - 2 \begin{vmatrix} 2 & 1 & 0 \\ -1 & 5 & -1 \\ 3 & 0 & 2 \end{vmatrix} = -3 \left(2 \begin{vmatrix} 2 & 1 & 0 \\ 3 & 0 & 2 \\ -2 & 1 & 2 \end{vmatrix} - 3 \begin{vmatrix} 2 & 1 & 0 \\ 3 & 0 & 2 \\ -2 & 1 & 2 \end{vmatrix} + (-2) \begin{vmatrix} 2 & 1 & 0 \\ 3 & 0 & 2 \\ -2 & 1 & 2 \end{vmatrix} \right)$$

$$-2 \left(2 \begin{vmatrix} 2 & 1 & 0 \\ -1 & 5 & -1 \\ 3 & 0 & 2 \end{vmatrix} - (-1) \begin{vmatrix} 2 & 1 & 0 \\ -1 & 5 & -1 \\ 3 & 0 & 2 \end{vmatrix} + 3 \begin{vmatrix} 2 & 1 & 0 \\ -1 & 5 & -1 \\ 3 & 0 & 2 \end{vmatrix} \right)$$

$$= -3 \left(2 \begin{vmatrix} 0 & 2 \\ 1 & 2 \end{vmatrix} - 3 \begin{vmatrix} 1 & 0 \\ 1 & 2 \end{vmatrix} - 2 \begin{vmatrix} 1 & 0 \\ 0 & 2 \end{vmatrix} \right) - 2 \left(2 \begin{vmatrix} 5 & -1 \\ 0 & 2 \end{vmatrix} + \begin{vmatrix} 1 & 0 \\ 0 & 2 \end{vmatrix} + 3 \begin{vmatrix} 1 & 0 \\ 5 & -1 \end{vmatrix} \right)$$

$$= -3\,(2\,(-2) - 3 \cdot 2 - 2 \cdot 2) - 2\,(2 \cdot 10 + 1 \cdot 2 + 3\,(-1)) = -3\,(-14) - 2 \cdot 19 = 4$$

問題 9.1

1. 次の行列 A の $(1,2)$ 余因子を求めよ. (1) $\begin{bmatrix} 1 & 2 & 3 \\ 4 & 5 & 6 \\ 7 & 8 & 9 \end{bmatrix}$ (2) $\begin{bmatrix} 0 & 2 & 1 & 0 \\ 3 & -1 & 5 & -1 \\ 0 & 3 & 0 & 2 \\ 2 & -2 & 1 & 2 \end{bmatrix}$

2. 次の行列 A の行列式を計算せよ.

(1) $A = \begin{bmatrix} 3 & 0 & 0 \\ 7 & 2 & 1 \\ 9 & 4 & 3 \end{bmatrix}$ (2) $A = \begin{bmatrix} -1 & 2 & 3 \\ 0 & 5 & 4 \\ 3 & 1 & 2 \end{bmatrix}$ (3) $A = \begin{bmatrix} 15 & 8 & 11 \\ 0 & 0 & 0 \\ 17 & 3 & 24 \end{bmatrix}$

(4) $A = \begin{bmatrix} 0 & 4 & 3 \\ 2 & 4 & 5 \\ 3 & 2 & 3 \end{bmatrix}$ (5) $A = \begin{bmatrix} 1 & 6 & 5 \\ 2 & 3 & 4 \\ 1 & 6 & 5 \end{bmatrix}$ (6) $A = \begin{bmatrix} 3 & 2 & 3 \\ 4 & 3 & 2 \\ 8 & 4 & 5 \end{bmatrix}$

(7) $A = \begin{bmatrix} 5 & 3 & 10 & 12 \\ 6 & 4 & 15 & 27 \\ 0 & 0 & 7 & 6 \\ 0 & 0 & 9 & 8 \end{bmatrix}$ (8) $A = \begin{bmatrix} 2 & 3 & 2 & 1 \\ 0 & 1 & 0 & -1 \\ 0 & 2 & -2 & 0 \\ 4 & -1 & 1 & 3 \end{bmatrix}$ (9) $A = \begin{bmatrix} 12 & 0 & 0 & 0 \\ 36 & 1 & -1 & 3 \\ 72 & 3 & 0 & 1 \\ 65 & -2 & 1 & -1 \end{bmatrix}$

9.2 行列式の性質

n 次正方行列 A, B の行列式には次のような性質がある*.

> 定理 9.1. [1] 2つの行が等しい行列の行列式の値は 0.
> [1]′ 2つの列が等しい行列の行列式の値は 0.
> [2] $|AB| = |A||B|$
> [3] $|{}^tA| = |A|$
> [4] $|kA| = k^n|A|$

よって例えば [1] より $\begin{vmatrix} 1 & 2 & 3 \\ 4 & 5 & 6 \\ 1 & 2 & 3 \end{vmatrix} = 0$ であり，[3] より $\begin{vmatrix} 1 & 2 & 3 \\ 4 & 5 & 6 \\ 7 & 8 & 9 \end{vmatrix} = \begin{vmatrix} 1 & 4 & 7 \\ 2 & 5 & 8 \\ 3 & 6 & 9 \end{vmatrix}$ である.

次は特に有効である．行列が $\begin{bmatrix} A & B \\ C & D \end{bmatrix}$ のように区分け†されて，A, D が正方行列であり，B もしくは C が零行列のとき $\begin{bmatrix} A & B \\ C & D \end{bmatrix}$ の行列式は次のようになる.

> 定理 9.2. $\begin{vmatrix} A & O \\ C & D \end{vmatrix} = |A||D|$　　$\begin{vmatrix} A & B \\ O & D \end{vmatrix} = |A||D|$

> 例題 9.3. 次の行列 A の行列式を計算せよ．(1) $A = \begin{bmatrix} 1 & 2 & 0 & 0 \\ 3 & 4 & 0 & 0 \\ 4 & 3 & 5 & 6 \\ 2 & 1 & 7 & 8 \end{bmatrix}$ (2) $A = \begin{bmatrix} 1 & 2 & 3 \\ 0 & 4 & 5 \\ 0 & 6 & 7 \end{bmatrix}$

答. (1) $|A| = \begin{vmatrix} 1 & 2 & 0 & 0 \\ 3 & 4 & 0 & 0 \\ 4 & 3 & 5 & 6 \\ 2 & 1 & 7 & 8 \end{vmatrix} = \begin{vmatrix} 1 & 2 \\ 3 & 4 \end{vmatrix} \begin{vmatrix} 5 & 6 \\ 7 & 8 \end{vmatrix} = (-2)(-2) = 4$　(2) $|A| = \begin{vmatrix} 1 & 2 & 3 \\ 0 & 4 & 5 \\ 0 & 6 & 7 \end{vmatrix} = |1| \begin{vmatrix} 4 & 5 \\ 6 & 7 \end{vmatrix} = -2$

64 ページの定義のように行列式 $|A|$ を $\sum_{i=1}^{n} a_{i1}\widetilde{a}_{i1} = \sum_{i=1}^{n}(-1)^{i+1}a_{i1}|A_{i1}|$ と表すことを行列式の第1列に関する**展開**という．他の行や列に関しても同様に展開することができる.

$$（第 s 行に関する展開）\ |A| = \sum_{j=1}^{n} a_{sj}\widetilde{a}_{sj} = \sum_{j=1}^{n}(-1)^{s+j}a_{sj}|A_{sj}|$$

$$（第 t 列に関する展開）\ |A| = \sum_{i=1}^{n} a_{it}\widetilde{a}_{it} = \sum_{i=1}^{n}(-1)^{i+t}a_{it}|A_{it}|$$

例えば前節例題 9.2(1) の行列式を第2行に関して展開すると次のようになる.

---

* 17 ページ 定理 2.1 および 44 ページ 定理 6.3 参照
† 56 ページ

$$\begin{vmatrix}1&2&3\\4&5&6\\7&8&9\end{vmatrix} = (-1)^{2+1}\,4\begin{vmatrix}1&2&3\\4&5&6\\7&8&9\end{vmatrix} + (-1)^{2+2}\,5\begin{vmatrix}1&2&3\\4&5&6\\7&8&9\end{vmatrix} + (-1)^{2+3}\,6\begin{vmatrix}1&2&3\\4&5&6\\7&8&9\end{vmatrix}$$

$$= -4\begin{vmatrix}2&3\\8&9\end{vmatrix} + 5\begin{vmatrix}1&3\\7&9\end{vmatrix} - 6\begin{vmatrix}1&2\\7&8\end{vmatrix} = -4(-6)+5(-12)-6(-6) = 24-60+36=0$$

さらに次も成り立つ．[1]-[3] のいずれも行を列に置き換えても成り立つ．

定理 9.3. [1] 1 つの行を c 倍すると，行列式の値は c 倍される．
[2] 1 つの行に別の行を何倍かしたものを加えても，行列式の値は変わらない．
[3] 2 つの行を交換すると，行列式の値は -1 倍される．

さて行列式を求めるには，まず定理左側に述べた変形（基本変形[‡]と同じである）を使って行列を簡単な 3 次行列の形にしてからサラスの方法や展開，もしくは定理 9.2 を使えばよい．その際行列は変形によって変化するが，行列式の値は同じになるように上の定理の右側に注意して調整し，等号でつなぐこと．また，どのような変形をしたか行は丸囲みの数字（① など）で，列は四角囲みの数字（$\boxed{1}$ など）で表して明記するとよい．

例題 9.4. 次の行列 A の行列式を計算せよ（例題 9.2 (1) [再]）．　$A = \begin{vmatrix}1&2&3\\4&5&6\\7&8&9\end{vmatrix}$

答．第 1 行目に着目し，行基本変形で $(1,2)$ 成分と $(1,3)$ 成分を 0 にして定理 9.2 で分解し，さらに第 1 行目を $\dfrac{1}{-3}$ 倍，第 2 行目を $\dfrac{1}{-6}$ 倍すれば[§]第 1 行目と第 2 行目が等しくなるので定理 9.1 より $|A| = 0$ と求まる．

$$\begin{vmatrix}\boxed{1}&\boxed{2}&\boxed{3}\\4&5&6\\\boxed{7}&8&9\end{vmatrix} \underset{\substack{\boxed{2}-\boxed{1}\times 2\\ \boxed{3}-\boxed{1}\times 3}}{=\!=\!=} \begin{vmatrix}1&0&0\\4&-3&-6\\7&-6&-12\end{vmatrix} \overset{\text{定理9.2}}{=\!=\!=} 1\cdot\begin{vmatrix}\boxed{-3\ -6}\\\boxed{-6\ -12}\end{vmatrix} \underset{②\times\frac{1}{-6}}{\overset{①\times\frac{1}{-3}}{=\!=\!=}} (-3)(-6)\begin{vmatrix}1&2\\1&2\end{vmatrix}$$

‡ 行基本変形において行を列に置き換えたものを列基本変形と呼ぶ．

§ 定理 9.3 [1] より $\begin{vmatrix}1&2\\1&2\end{vmatrix}$ は $\begin{vmatrix}-3&-6\\-6&-12\end{vmatrix}$ の $\dfrac{1}{-3}\times\dfrac{1}{-6}$ 倍であることに注意（いずれも値は 0 であるが）．

例題 9.5. 次の行列 A の行列式を計算せよ.

$$(1)\ A=\begin{bmatrix}1&2&-2\\-1&-1&1\\-1&-1&2\end{bmatrix}\qquad (2)\ A=\begin{bmatrix}3&6&0&9\\5&11&2&18\\2&5&2&7\\7&16&5&22\end{bmatrix}$$

答. (1) 第1列目に着目し, 行基本変形で $(2,1)$ 成分と $(3,1)$ 成分を 0 にして定理 9.2 で分解すれば下のようになり, $|A|=1\cdot1=1$ と求まる.

$$\begin{vmatrix}1&2&-2\\-1&-1&1\\-1&-1&2\end{vmatrix}\ \underset{③+①}{\overset{②+①}{=\!=}}\ \begin{vmatrix}1&2&-2\\0&1&-1\\0&1&0\end{vmatrix}\ \overset{\text{定理9.2}}{=\!=}\ 1\cdot\begin{vmatrix}1&-1\\1&0\end{vmatrix}$$

(2) 第1行目に着目し, 行基本変形で $(1,2)$ 成分と $(1,4)$ 成分を 0 にして定理 9.2 で分解したあと, さらに第1列目に着目し, 行基本変形で $(2,1)$ 成分と $(3,1)$ 成分を 0 にして再び定理 9.2 で分解すれば下のようになり, $|A|=3\cdot1\cdot2=6$ と求まる.

$$\begin{vmatrix}3&6&0&9\\5&11&2&18\\2&5&2&7\\7&16&5&22\end{vmatrix}\ \overset{\boxed{2}-\boxed{1}\times2,\ \boxed{4}-\boxed{1}\times3}{=\!=}\ \begin{vmatrix}3&0&0&0\\5&1&2&3\\2&1&2&1\\7&2&5&1\end{vmatrix}\ \overset{\text{定理9.2}}{=\!=}\ 3\cdot\begin{vmatrix}1&2&3\\1&2&1\\2&5&1\end{vmatrix}\ \overset{②-①,\ ③-①\times2}{=\!=}\ 3\cdot\begin{vmatrix}1&2&3\\0&0&-2\\0&1&-5\end{vmatrix}\ \overset{\text{定理9.2}}{=\!=}\ 3\cdot1\cdot\begin{vmatrix}0&-2\\1&-5\end{vmatrix}$$

例題 9.6. 次の行列 A に対し, $|A|=0$ を満たす λ を求めよ. $A=\begin{bmatrix}\lambda-3&4&-2\\2&\lambda-2&0\\4&-2&\lambda-1\end{bmatrix}$

解説. 文字を含んだ行列の行列式の場合, 定理 9.3 を使って成分に 0 を 2 つくらい持つ行列に変形してからサラスの方法で計算するとよい.

第1行目に着目し, 次のように列基本変形で $(1,2)$ 成分を 0 にしてサラスの方法で計算すると

$$\begin{vmatrix}\lambda-3&4&-2\\2&\lambda-2&0\\4&-2&\lambda-1\end{vmatrix}\ \overset{\boxed{2}+\boxed{3}\times2}{=\!=}\ \begin{vmatrix}\lambda-3&0&-2\\2&\lambda-2&0\\4&2\lambda-4&\lambda-1\end{vmatrix}$$

$|A|=(\lambda-3)(\lambda-2)(\lambda-1)+2(-2)(2\lambda-4)-4(-2)(\lambda-2)=(\lambda-2)\{(\lambda-3)(\lambda-1)-8+8\}$
$=(\lambda-2)(\lambda-3)(\lambda-1)=0$ より, $\lambda=3,2,1$.

確認 $\lambda=3$ のとき $\begin{vmatrix}3-3&4&-2\\2&3-2&0\\4&-2&3-1\end{vmatrix}=\begin{vmatrix}0&4&-2\\2&1&0\\4&-2&2\end{vmatrix}=8+8-16=0.$

$\lambda=2$ のとき $\begin{vmatrix}2-3&4&-2\\2&2-2&0\\4&-2&2-1\end{vmatrix}=\begin{vmatrix}-1&4&-2\\2&0&0\\4&-2&1\end{vmatrix}=8-8=0.$

$\lambda=1$ のとき $\begin{vmatrix}1-3&4&-2\\2&1-2&0\\4&-2&1-1\end{vmatrix}=\begin{vmatrix}-2&4&-2\\2&-1&0\\4&-2&0\end{vmatrix}=8-8=0.$

問題 9.2

1. 次の行列 A の行列式を計算せよ.

(1) $A = \begin{bmatrix} 2 & 2 & 3 & 1 \\ 2 & 3 & 4 & 3 \\ 2 & 1 & 1 & 0 \\ 4 & 6 & 7 & 3 \end{bmatrix}$ (2) $A = \begin{bmatrix} 1 & 3 & 2 & 4 \\ -2 & -5 & 0 & -6 \\ 1 & 8 & 10 & 9 \\ 3 & 10 & 10 & 14 \end{bmatrix}$ (3) $A = \begin{bmatrix} 1 & 3 & 2 & -2 \\ 3 & 10 & 7 & -5 \\ 2 & 5 & 4 & -6 \\ 2 & 9 & 7 & -3 \end{bmatrix}$

(4) $A = \begin{bmatrix} 7 & 4 & 6 & 5 \\ 15 & 9 & 14 & 11 \\ 7 & 4 & 5 & 6 \\ 6 & 3 & 5 & 3 \end{bmatrix}$ (5) $A = \begin{bmatrix} 2 & 4 & 2 & -2 \\ 4 & 11 & 5 & -5 \\ 3 & -7 & 3 & 5 \\ 5 & 9 & 3 & -5 \end{bmatrix}$ (6) $A = \begin{bmatrix} 4 & 5 & 17 & 7 \\ 3 & 4 & 14 & 3 \\ 5 & 7 & 15 & 5 \\ 4 & 5 & 11 & 4 \end{bmatrix}$

2. 次の行列 A に対し，$|A| = 0$ を満たす λ を求めよ.

(1) $A = \begin{bmatrix} \lambda-2 & 3 & 2 \\ 2 & \lambda-3 & -2 \\ -4 & 8 & \lambda+5 \end{bmatrix}$ (2) $A = \begin{bmatrix} \lambda-3 & 4 & 8 \\ 2 & \lambda-4 & -7 \\ -2 & 2 & \lambda+5 \end{bmatrix}$ (3) $A = \begin{bmatrix} \lambda+2 & -1 & 1 \\ -2 & \lambda-3 & -2 \\ -2 & 2 & \lambda-1 \end{bmatrix}$

9.3 逆行列

8.5 節では行基本変形を用いて逆行列を求めた．ここでは余因子を用いた求め方を学ぶ．

例題 9.7. 行列 $A = \begin{bmatrix} a_{11} & a_{12} \\ a_{21} & a_{22} \end{bmatrix}$ に対し $\widetilde{A} = \begin{bmatrix} \widetilde{a}_{11} & \widetilde{a}_{21} \\ \widetilde{a}_{12} & \widetilde{a}_{22} \end{bmatrix}$ とおくとき，$A\widetilde{A}$ を計算せよ*.

答．まず $A\widetilde{A} = \begin{bmatrix} a_{11}\widetilde{a}_{11} + a_{12}\widetilde{a}_{12} & a_{11}\widetilde{a}_{21} + a_{12}\widetilde{a}_{22} \\ a_{21}\widetilde{a}_{11} + a_{22}\widetilde{a}_{12} & a_{21}\widetilde{a}_{21} + a_{22}\widetilde{a}_{22} \end{bmatrix}$ である．次に各成分について見ていく．

$(1,1)$ 成分：$|A|$ の第 1 行に関する展開（前節参照）だから値は $|A|$.

$(2,2)$ 成分：$|A|$ の第 2 行に関する展開だから値は $|A|$.

$(1,2)$ 成分，$(2,1)$ 成分：以下の計算により，共に 0.

$$a_{11}\widetilde{a}_{21}+a_{12}\widetilde{a}_{22} = a_{11}(-1)^{2+1}\begin{vmatrix} a_{11} & a_{12} \\ a_{21} & a_{22} \end{vmatrix} + a_{12}(-1)^{2+2}\begin{vmatrix} a_{11} & a_{12} \\ a_{21} & a_{22} \end{vmatrix} = -a_{11}a_{12} + a_{12}a_{11} = 0$$

$$a_{21}\widetilde{a}_{11}+a_{22}\widetilde{a}_{12} = a_{21}(-1)^{1+1}\begin{vmatrix} a_{11} & a_{12} \\ a_{21} & a_{22} \end{vmatrix} + a_{22}(-1)^{1+2}\begin{vmatrix} a_{11} & a_{12} \\ a_{21} & a_{22} \end{vmatrix} = a_{21}a_{22} - a_{22}a_{21} = 0$$

したがって，$A\widetilde{A} = \begin{bmatrix} |A| & 0 \\ 0 & |A| \end{bmatrix} = |A|\begin{bmatrix} 1 & 0 \\ 0 & 1 \end{bmatrix} = |A|E \cdots$ ①.

上の例題より $|A| \neq 0$ である行列 $A = \begin{bmatrix} a_{11} & a_{12} \\ a_{21} & a_{22} \end{bmatrix}$ に対し $B = \dfrac{1}{|A|}\widetilde{A} = \dfrac{1}{|A|}\begin{bmatrix} \widetilde{a}_{11} & \widetilde{a}_{21} \\ \widetilde{a}_{12} & \widetilde{a}_{22} \end{bmatrix}$ とおけば ① より $AB = \dfrac{1}{|A|}A\widetilde{A} = \dfrac{|A|}{|A|}E = E$ となるので $B = A^{-1}$ である．

一般に n 次正方行列 $A = [a_{ij}]$ の各成分を余因子に置き換えて（$[\widetilde{a}_{ij}]$）転置を取ったもの $[\widetilde{a}_{ji}]$（添え字の順序に注意）を A の**余因子行列**といい，$\widetilde{A}$ と表す．

$$\text{例.}\quad A = \begin{bmatrix} a_{11} & a_{12} & a_{13} \\ a_{21} & a_{22} & a_{23} \\ a_{31} & a_{32} & a_{33} \end{bmatrix} \text{ のとき } \widetilde{A} = \begin{bmatrix} \widetilde{a}_{11} & \widetilde{a}_{21} & \widetilde{a}_{31} \\ \widetilde{a}_{12} & \widetilde{a}_{22} & \widetilde{a}_{32} \\ \widetilde{a}_{13} & \widetilde{a}_{23} & \widetilde{a}_{33} \end{bmatrix}$$

一般の場合も $A\widetilde{A} = |A|E$ となるので，$|A| \neq 0$ であれば $A^{-1} = \dfrac{1}{|A|}\widetilde{A}$ となり A は正則である．逆に A が正則であれば A^{-1} が存在して $AA^{-1} = E$ だから前節の定理 9.1[3] より $|A||A^{-1}| = |AA^{-1}| = |E| = 1$ なので $|A| \neq 0$ である．よって次が得られる．

定理 9.4.　(1) A が正則行列 $\Leftrightarrow |A| \neq 0$　(2) A が正則行列のとき $A^{-1} = \dfrac{1}{|A|}\widetilde{A}$

---

* $\widetilde{A}$ は $\begin{bmatrix} \widetilde{a}_{11} & \widetilde{a}_{12} \\ \widetilde{a}_{21} & \widetilde{a}_{22} \end{bmatrix}$ でないことに注意．

例題 9.8. 行列 $A = \begin{bmatrix} 2 & -1 & 3 \\ 1 & 0 & -2 \\ -4 & 3 & 1 \end{bmatrix}$ について，行列式を計算して正則か否か判定し，正則ならば余因子を用いて逆行列を求めよ．

答．$|A| = 14 \neq 0$ だから A は正則行列で，

$$\widetilde{a}_{11} = +\begin{vmatrix} 0 & -2 \\ 3 & 1 \end{vmatrix} = 6, \qquad \widetilde{a}_{12} = -\begin{vmatrix} 1 & -2 \\ -4 & 1 \end{vmatrix} = 7, \qquad \widetilde{a}_{13} = +\begin{vmatrix} 1 & 0 \\ -4 & 3 \end{vmatrix} = 3,$$

$$\widetilde{a}_{21} = -\begin{vmatrix} -1 & 3 \\ 3 & 1 \end{vmatrix} = 10, \qquad \widetilde{a}_{22} = +\begin{vmatrix} 2 & 3 \\ -4 & 1 \end{vmatrix} = 14, \qquad \widetilde{a}_{23} = -\begin{vmatrix} 2 & -1 \\ -4 & 3 \end{vmatrix} = -2,$$

$$\widetilde{a}_{31} = +\begin{vmatrix} -1 & 3 \\ 0 & -2 \end{vmatrix} = 2, \qquad \widetilde{a}_{32} = -\begin{vmatrix} 2 & 3 \\ 1 & -2 \end{vmatrix} = 7, \qquad \widetilde{a}_{33} = +\begin{vmatrix} 2 & -1 \\ 1 & 0 \end{vmatrix} = 1$$

だから $\widetilde{A} = \begin{bmatrix} 6 & 10 & 2 \\ 7 & 14 & 7 \\ 3 & -2 & 1 \end{bmatrix}$ である．よって，$A^{-1} = \dfrac{1}{|A|}\widetilde{A} = \dfrac{1}{14}\begin{bmatrix} 6 & 10 & 2 \\ 7 & 14 & 7 \\ 3 & -2 & 1 \end{bmatrix}$

確認 $\dfrac{1}{14}\begin{bmatrix} 6 & 10 & 2 \\ 7 & 14 & 7 \\ 3 & -2 & 1 \end{bmatrix}\begin{bmatrix} 2 & -1 & 3 \\ 1 & 0 & -2 \\ -4 & 3 & 1 \end{bmatrix} = \dfrac{1}{14}\begin{bmatrix} 14 & 0 & 0 \\ 0 & 14 & 0 \\ 0 & 0 & 14 \end{bmatrix} = \begin{bmatrix} 1 & 0 & 0 \\ 0 & 1 & 0 \\ 0 & 0 & 1 \end{bmatrix}$

問題 9.3

1. 次の行列 A について，行列式を計算して正則か否か判定し，正則ならば余因子を用いて逆行列を求めよ．

(1) $A = \begin{bmatrix} 2 & 3 \\ 5 & 1 \end{bmatrix}$　(2) $A = \begin{bmatrix} 1 & 0 & 0 \\ 2 & 2 & 0 \\ 3 & 3 & 3 \end{bmatrix}$　(3) $A = \begin{bmatrix} 2 & -1 & 2 \\ 0 & 0 & 1 \\ -1 & 1 & 0 \end{bmatrix}$

(4) $A = \begin{bmatrix} -2 & 4 & -2 \\ 2 & -1 & 0 \\ 4 & -2 & 0 \end{bmatrix}$　(5) $A = \begin{bmatrix} -5 & 0 & 6 \\ 3 & -2 & -6 \\ -3 & 0 & 4 \end{bmatrix}$　(6) $A = \begin{bmatrix} -1 & -1 & -2 \\ 2 & 0 & 1 \\ 2 & 1 & 1 \end{bmatrix}$

(7) $A = \begin{bmatrix} 1 & 2 & 1 \\ 0 & -1 & 1 \\ 1 & 1 & 2 \end{bmatrix}$　(8) $A = \begin{bmatrix} 1 & -1 & 1 \\ 2 & -1 & 2 \\ 1 & 1 & 2 \end{bmatrix}$　(9) $A = \begin{bmatrix} -3 & 4 & 8 \\ 2 & -4 & -7 \\ -2 & 2 & 5 \end{bmatrix}$

第 10 章　3 次正方行列の対角化

4.2 節で 2 次正方行列の対角化を学んだ．ここでは 3 次正方行列の対角化を学ぶ．手順としては同じく，固有方程式から固有値，固有ベクトルを求めればよい．行列 A の固有値は固有方程式 $|\lambda E - A| = 0$ の解で，固有値 λ に属する行列 A の固有ベクトル $\boldsymbol{x}$ は方程式 $A\boldsymbol{x} = \lambda\boldsymbol{x}$ の解である．この方程式を解くには例題 8.9（61 ページ）で学んだように斉次連立 1 次方程式 $(A - \lambda E)\boldsymbol{x} = \boldsymbol{o}$ を解けば良い．

10.1　固有方程式が重解を持たない場合

まず本節では 3 次正方行列 A の固有方程式が重解を持たない場合を扱う．2 次正方行列の場合と同じく A を対角化する正則行列 P の選び方は無数に，得られる対角行列は 6 通りある*.

例題 10.1. 行列 $A = \begin{bmatrix} 1 & -2 & 2 \\ -2 & 3 & -3 \\ -2 & 4 & -4 \end{bmatrix}$ を対角化せよ．

答. $$|\lambda E - A| = \begin{vmatrix} \lambda-1 & \boxed{2} & \boxed{-2} \\ 2 & \lambda-3 & 3 \\ 2 & -4 & \lambda+4 \end{vmatrix} \overset{\boxed{2}+\boxed{3}}{=\!=\!=} \begin{vmatrix} \lambda-1 & 0 & -2 \\ \boxed{2} & \lambda & 3 \\ \boxed{2} & \lambda & \lambda+4 \end{vmatrix} \overset{③-②}{=\!=\!=} \begin{vmatrix} \lambda-1 & 0 & -2 \\ 2 & \lambda & 3 \\ 0 & 0 & \lambda+1 \end{vmatrix} = (\lambda-1)\lambda(\lambda+1) = 0$$

より A の固有値は 1, 0, −1.

固有値 1 に属する固有ベクトル $\boldsymbol{x}$ は $(A - E)\boldsymbol{x} = \boldsymbol{o}$ の解だから

$$A - E = \begin{bmatrix} 0 & -2 & 2 \\ -2 & 2 & -3 \\ -2 & 4 & -5 \end{bmatrix} \Rightarrow \begin{bmatrix} 1 & 0 & 1/2 \\ 0 & 1 & -1 \\ 0 & 0 & 0 \end{bmatrix} \text{ より}^{\dagger} \quad \begin{cases} x + \frac{1}{2}z = 0 \\ y - z = 0 \end{cases}, \quad \begin{cases} x = -\frac{1}{2}z \\ y = z \end{cases}.$$

よって $z = -2a$ とおけば $x = a,\ y = -2a,\ z = -2a$ となり‡，$\boldsymbol{x} = \begin{bmatrix} a \\ -2a \\ -2a \end{bmatrix} = a\begin{bmatrix} 1 \\ -2 \\ -2 \end{bmatrix} \ (a \neq 0)$

---

* 固有値を α, β, γ とすれば $\begin{bmatrix} \alpha & 0 & 0 \\ 0 & \beta & 0 \\ 0 & 0 & \gamma \end{bmatrix}, \begin{bmatrix} \alpha & 0 & 0 \\ 0 & \gamma & 0 \\ 0 & 0 & \beta \end{bmatrix}, \begin{bmatrix} \beta & 0 & 0 \\ 0 & \alpha & 0 \\ 0 & 0 & \gamma \end{bmatrix}, \begin{bmatrix} \beta & 0 & 0 \\ 0 & \gamma & 0 \\ 0 & 0 & \alpha \end{bmatrix}, \begin{bmatrix} \gamma & 0 & 0 \\ 0 & \alpha & 0 \\ 0 & 0 & \beta \end{bmatrix}, \begin{bmatrix} \gamma & 0 & 0 \\ 0 & \beta & 0 \\ 0 & 0 & \alpha \end{bmatrix}$.

† ⇒ では簡約化を行うが省略している（以降も同様）.

‡ $z = a$ とおけば解は $\boldsymbol{x} = \begin{bmatrix} -a/2 \\ a \\ a \end{bmatrix} = -\frac{1}{2}a\begin{bmatrix} 1 \\ -2 \\ -2 \end{bmatrix} \ (a \neq 0)$ となる.

固有値 0 に属する固有ベクトル $\boldsymbol{y}$ は $(A-0E)\,\boldsymbol{y}=\boldsymbol{o}$ の解だから

$$A=\begin{bmatrix}1&-2&2\\-2&3&-3\\-2&4&-4\end{bmatrix}\Rightarrow\begin{bmatrix}1&0&0\\0&1&-1\\0&0&0\end{bmatrix} \text{より} \begin{cases}x=0\\y-z=0\end{cases},\ \begin{cases}x=0\\y=z\end{cases}.$$

よって $z=b$ とおけば $x=0,\ y=b,\ z=b$ となり，$\boldsymbol{y}=\begin{bmatrix}0\\b\\b\end{bmatrix}=b\begin{bmatrix}0\\1\\1\end{bmatrix}\ (b\neq 0)$

固有値 -1 に属する固有ベクトル $\boldsymbol{z}$ は $(A-(-1)E)\,\boldsymbol{z}=\boldsymbol{o}$ の解だから§

$$A+E=\begin{bmatrix}2&-2&2\\-2&4&-3\\-2&4&-3\end{bmatrix}\Rightarrow\begin{bmatrix}1&0&1/2\\0&1&-1/2\\0&0&0\end{bmatrix} \text{より} \begin{cases}x+\frac{1}{2}z=0\\y-\frac{1}{2}z=0\end{cases},\ \begin{cases}x=-\frac{1}{2}z\\y=\ \ \frac{1}{2}z\end{cases}.$$

よって $z=-2c$ とおけば $x=c,\ y=-c,\ z=-2c$ となり，$\boldsymbol{z}=\begin{bmatrix}c\\-c\\-2c\end{bmatrix}=c\begin{bmatrix}1\\-1\\-2\end{bmatrix}\ (c\neq 0)$

したがって $P=\begin{bmatrix}1&0&1\\-2&1&-1\\-2&1&-2\end{bmatrix}$ とおけば $P^{-1}AP=\begin{bmatrix}1&0&0\\0&0&0\\0&0&-1\end{bmatrix}$.

確認 $|P|=-1\neq 0$ であり，$B=\begin{bmatrix}1&0&0\\0&0&0\\0&0&-1\end{bmatrix}$ とすれば下の計算より $AP=PB$ を得る¶.

$$AP=\begin{bmatrix}1&-2&2\\-2&3&-3\\-2&4&-4\end{bmatrix}\begin{bmatrix}1&0&1\\-2&1&-1\\-2&1&-2\end{bmatrix}=\begin{bmatrix}1&0&-1\\-2&0&1\\-2&0&2\end{bmatrix},\quad PB=\begin{bmatrix}1&0&1\\-2&1&-1\\-2&1&-2\end{bmatrix}\begin{bmatrix}1&0&0\\0&0&0\\0&0&-1\end{bmatrix}=\begin{bmatrix}1&0&-1\\-2&0&1\\-2&0&2\end{bmatrix}$$

問題 10.1

1. 次の行列 A を対角化せよ．

(1) $A=\begin{bmatrix}1&0&0\\-3&2&-1\\2&0&3\end{bmatrix}$ (2) $A=\begin{bmatrix}1&2&0\\0&2&0\\-2&3&-1\end{bmatrix}$ (3) $A=\begin{bmatrix}1&2&1\\0&-1&1\\1&1&2\end{bmatrix}$

(4) $A=\begin{bmatrix}-2&4&-2\\2&-1&0\\4&-2&0\end{bmatrix}$ (5) $A=\begin{bmatrix}-2&3&2\\2&-3&-2\\-4&8&5\end{bmatrix}$ (6) $A=\begin{bmatrix}-5&2&-6\\4&1&4\\4&0&5\end{bmatrix}$

(7) $A=\begin{bmatrix}-3&4&8\\2&-4&-7\\-2&2&5\end{bmatrix}$ (8) $A=\begin{bmatrix}1&0&1\\0&2&0\\2&0&1\end{bmatrix}$

---

§ $z=c$ とおけば解は $\boldsymbol{z}=\begin{bmatrix}-c/2\\c/2\\c\end{bmatrix}=-\frac{1}{2}c\begin{bmatrix}1\\-1\\-2\end{bmatrix}\ (c\neq 0)$ となる．

¶ 30 ページ参照

10.2　固有方程式が重解を持つ場合

次に3次正方行列 A の固有方程式が重解を持つ場合を扱う*．ここでも正則行列 P の選び方は無数に，得られる対角行列は3通りある†．

例題 10.2. 行列 $A = \begin{bmatrix} 2 & -1 & -1 \\ -2 & 3 & 2 \\ 2 & -2 & -1 \end{bmatrix}$ を対角化せよ．

答. $|\lambda E - A| = \begin{vmatrix} \lambda-2 & 1 & 1 \\ \boxed{2 \quad \lambda-3 \quad -2} \\ \boxed{-2} & 2 & \lambda+1 \end{vmatrix} \overset{③+②}{=\!=\!=} \begin{vmatrix} \lambda-2 & 1 & 1 \\ 2 & \lambda-3 & \boxed{-2} \\ 0 & \lambda-1 & \lambda-1 \end{vmatrix} \overset{\boxed{3}+\boxed{1}}{=\!=\!=} \begin{vmatrix} \lambda-2 & 1 & \lambda-1 \\ 2 & \lambda-3 & 0 \\ 0 & \lambda-1 & \lambda-1 \end{vmatrix}$

$= (\lambda-2)(\lambda-3)(\lambda-1) + 2(\lambda-1)^2 - 2(\lambda-1) = (\lambda-1)(\lambda^2 - 5\lambda + 6 + 2\lambda - 2 - 2)$

$= (\lambda-1)(\lambda^2 - 3\lambda + 2) = (\lambda-1)^2(\lambda-2)$ より A の固有値は 1, 1, 2.

固有値1に属する固有ベクトル $\boldsymbol{x}$ は $(A-E)\,\boldsymbol{x} = \boldsymbol{o}$ の解だから

$A - E = \begin{bmatrix} 1 & -1 & -1 \\ -2 & 2 & 2 \\ 2 & -2 & -2 \end{bmatrix} \Rightarrow \begin{bmatrix} 1 & -1 & -1 \\ 0 & 0 & 0 \\ 0 & 0 & 0 \end{bmatrix}$ より $x - y - z = 0$，$x = y + z$．よって $y = a, z = b$

とおけば $x = a+b, y = a, z = b$ となり，$\boldsymbol{x} = \begin{bmatrix} a+b \\ a \\ b \end{bmatrix} = a\begin{bmatrix} 1 \\ 1 \\ 0 \end{bmatrix} + b\begin{bmatrix} 1 \\ 0 \\ 1 \end{bmatrix}$ $(a \neq 0$ または $b \neq 0)$．

固有値2に属する固有ベクトル $\boldsymbol{y}$ は $(A-2E)\boldsymbol{y} = \boldsymbol{o}$ の解だから‡

$A - 2E = \begin{bmatrix} 0 & -1 & -1 \\ -2 & 1 & 2 \\ 2 & -2 & -3 \end{bmatrix} \Rightarrow \begin{bmatrix} 1 & 0 & -1/2 \\ 0 & 1 & 1 \\ 0 & 0 & 0 \end{bmatrix}$ より $\begin{cases} x - \frac{1}{2}z = 0 \\ y + z = 0 \end{cases}$，$\begin{cases} x = \frac{1}{2}z \\ y = -z \end{cases}$．

よって $z = 2c$ とおけば $x = c, y = -2c, z = 2c$ となり，$\boldsymbol{y} = \begin{bmatrix} c \\ -2c \\ 2c \end{bmatrix} = c\begin{bmatrix} 1 \\ -2 \\ 2 \end{bmatrix}$ $(c \neq 0)$

したがって $P = \begin{bmatrix} 1 & 1 & 1 \\ 1 & 0 & -2 \\ 0 & 1 & 2 \end{bmatrix}$ とおけば $P^{-1}AP = \begin{bmatrix} 1 & 0 & 0 \\ 0 & 1 & 0 \\ 0 & 0 & 2 \end{bmatrix}$．

---

* 固有方程式が2重解を持つ場合のみを扱う．ちなみに3重解を持つ，対角でない行列は対角化できない．

† 固有値を α, α, γ とすれば $\begin{bmatrix} \alpha & 0 & 0 \\ 0 & \alpha & 0 \\ 0 & 0 & \beta \end{bmatrix}, \begin{bmatrix} \alpha & 0 & 0 \\ 0 & \beta & 0 \\ 0 & 0 & \alpha \end{bmatrix}, \begin{bmatrix} \beta & 0 & 0 \\ 0 & \alpha & 0 \\ 0 & 0 & \alpha \end{bmatrix}$．

‡ $z = c$ とおけば解は $\boldsymbol{y} = \begin{bmatrix} c/2 \\ -c \\ c \end{bmatrix} = \frac{1}{2}c\begin{bmatrix} 1 \\ -2 \\ 2 \end{bmatrix}$ $(c \neq 0)$ となる．

確認 $|P| = 1 \neq 0$ であり，$B = \begin{bmatrix} 1 & 0 & 0 \\ 0 & 1 & 0 \\ 0 & 0 & 2 \end{bmatrix}$ とすれば下の計算より $AP = PB$ を得る．

$$AP = \begin{bmatrix} 2 & -1 & -1 \\ -2 & 3 & 2 \\ 2 & -2 & -1 \end{bmatrix}\begin{bmatrix} 1 & 1 & 1 \\ 1 & 0 & -2 \\ 0 & 1 & 2 \end{bmatrix} = \begin{bmatrix} 1 & 1 & 2 \\ 1 & 0 & -4 \\ 0 & 1 & 4 \end{bmatrix} \quad PB = \begin{bmatrix} 1 & 1 & 1 \\ 1 & 0 & -2 \\ 0 & 1 & 2 \end{bmatrix}\begin{bmatrix} 1 & 0 & 0 \\ 0 & 1 & 0 \\ 0 & 0 & 2 \end{bmatrix} = \begin{bmatrix} 1 & 1 & 2 \\ 1 & 0 & -4 \\ 0 & 1 & 4 \end{bmatrix}$$

問題 10.2

1. 次の行列 A を対角化せよ．

(1) $A = \begin{bmatrix} 3 & -4 & 2 \\ 0 & 1 & 0 \\ -1 & 2 & 0 \end{bmatrix}$ (2) $A = \begin{bmatrix} 5 & 6 & 0 \\ -1 & 0 & 0 \\ 1 & 2 & 2 \end{bmatrix}$ (3) $A = \begin{bmatrix} -5 & 0 & 6 \\ 3 & -2 & -6 \\ -3 & 0 & 4 \end{bmatrix}$

(4) $A = \begin{bmatrix} 8 & -10 & 5 \\ 0 & -2 & 0 \\ -10 & 10 & -7 \end{bmatrix}$ (5) $A = \begin{bmatrix} 4 & -2 & -2 \\ 2 & 0 & -2 \\ -1 & 1 & 3 \end{bmatrix}$ (6) $A = \begin{bmatrix} 1 & 2 & -2 \\ -1 & -2 & 1 \\ -1 & -1 & 0 \end{bmatrix}$

(7) $A = \begin{bmatrix} 2 & -1 & 1 \\ -2 & 3 & -2 \\ -2 & 2 & -1 \end{bmatrix}$ (8) $A = \begin{bmatrix} -3 & 2 & 2 \\ -4 & 3 & 2 \\ -8 & 4 & 5 \end{bmatrix}$ (9) $A = \begin{bmatrix} 5 & -12 & 6 \\ 3 & -7 & 3 \\ 3 & -6 & 2 \end{bmatrix}$

第 11 章　3 次対称行列の対角化

5.1 節でも述べたように，対称行列は常に対角化できるだけでなく，直交行列で対角化できる．

定理 11.1. （35 ページ定理 5.2）対称行列は直交行列で対角化できる．

3 次正方行列 $P = \begin{bmatrix} a & b & c \\ d & e & f \\ g & h & i \end{bmatrix}$ は，3 つの空間ベクトル $\boldsymbol{v} = \begin{bmatrix} a \\ d \\ g \end{bmatrix}$, $\boldsymbol{w} = \begin{bmatrix} b \\ e \\ h \end{bmatrix}$, $\boldsymbol{u} = \begin{bmatrix} c \\ f \\ i \end{bmatrix}$ が共に長さ 1 で互いに直交するとき* **直交行列**という．したがって固有値，固有ベクトルを求めるまではこれまでの対角化と同じだが，対角化のための固有ベクトルとしてこの 2 つの条件を満たすものを選ばなくてはならない．

11.1　固有方程式が重解を持たない場合

この章でもまず固有方程式が重解を持たない場合を扱う．この場合は定理 5.3 が一般の対称行列でも成り立つので，重解を持たない場合については長さ 1 のものを選ぶ，という作業が加わるだけである．これは適当に選んだ固有ベクトル $\boldsymbol{x}$ をそれ自身の長さ $\|\boldsymbol{x}\|$ で割ればよかった．

定理 11.2. （35 ページ定理 5.3）対称行列の，異なる固有値に属する固有ベクトルは直交する．

例題 11.1. 対称行列 $A = \begin{bmatrix} 1 & 0 & 1 \\ 0 & 1 & 0 \\ 1 & 0 & 1 \end{bmatrix}$ を直交行列で対角化せよ．

答．$|\lambda E - A| = \begin{vmatrix} \lambda-1 & 0 & -1 \\ 0 & \lambda-1 & 0 \\ -1 & 0 & \lambda-1 \end{vmatrix} = (\lambda-1)^3-(\lambda-1) = (\lambda-1)(\lambda^2-2\lambda) = (\lambda-2)(\lambda-1)\lambda = 0$

したがって A の固有値は 2, 1, 0.

固有値 2 に属する固有ベクトル $\boldsymbol{x}$ は $(A-2E)\boldsymbol{x} = \boldsymbol{o}$ の解だから

$$A - 2E = \begin{bmatrix} -1 & 0 & 1 \\ 0 & -1 & 0 \\ 1 & 0 & -1 \end{bmatrix} \Rightarrow \begin{bmatrix} 1 & 0 & -1 \\ 0 & 1 & 0 \\ 0 & 0 & 0 \end{bmatrix} \text{より} \begin{cases} x - z = 0 \\ y = 0 \end{cases}, \begin{cases} x = z \\ y = 0 \end{cases}.$$

よって $z = a$ とおけば $x = a, y = 0, z = a$ となり，$\boldsymbol{x} = \begin{bmatrix} a \\ 0 \\ a \end{bmatrix} = a\begin{bmatrix} 1 \\ 0 \\ 1 \end{bmatrix}$ $(a \neq 0)$

* すなわち $\|\boldsymbol{v}\| = 1$, $\|\boldsymbol{w}\| = 1$, $\|\boldsymbol{u}\| = 1$, $(\boldsymbol{v}, \boldsymbol{w}) = 0$, $(\boldsymbol{v}, \boldsymbol{u}) = 0$, $(\boldsymbol{w}, \boldsymbol{u}) = 0$.

固有値 1 に属する固有ベクトル $\boldsymbol{y}$ は $(A-E)\boldsymbol{y}=\boldsymbol{o}$ の解だから $A-E=\begin{bmatrix}0&0&1\\0&0&0\\1&0&0\end{bmatrix}\Rightarrow\begin{bmatrix}1&0&0\\0&0&1\\0&0&0\end{bmatrix}$

より $\begin{cases}x=0\\z=0\end{cases}$. よって $y=b$ とおけば $x=0,\ y=b,\ z=0$ となり $\boldsymbol{y}=\begin{bmatrix}0\\b\\0\end{bmatrix}=b\begin{bmatrix}0\\1\\0\end{bmatrix}\ (b\neq 0)$

固有値 0 に属する固有ベクトル $\boldsymbol{z}$ は $(A-0E)\boldsymbol{z}=\boldsymbol{o}$ の解だから $A=\begin{bmatrix}1&0&1\\0&1&0\\1&0&1\end{bmatrix}\Rightarrow\begin{bmatrix}1&0&1\\0&1&0\\0&0&0\end{bmatrix}$

より $\begin{cases}x=-z\\y=0\end{cases}$. よって $z=-c$ とおけば $x=c,\ y=0,\ z=-c$ となり $\boldsymbol{z}=\begin{bmatrix}c\\0\\-c\end{bmatrix}=c\begin{bmatrix}1\\0\\-1\end{bmatrix}\ (c\neq 0)$

$a\begin{bmatrix}1\\0\\1\end{bmatrix},\ b\begin{bmatrix}0\\1\\0\end{bmatrix}\ c\begin{bmatrix}1\\0\\-1\end{bmatrix}$ の形のベクトルで長さ 1 のものはそれぞれ

$$\pm\frac{1}{\sqrt{1^2+1^2}}\begin{bmatrix}1\\0\\1\end{bmatrix}=\pm\frac{1}{\sqrt{2}}\begin{bmatrix}1\\0\\1\end{bmatrix},\quad \pm\begin{bmatrix}0\\1\\0\end{bmatrix},\quad \pm\frac{1}{\sqrt{1^2+(-1)^2}}\begin{bmatrix}1\\0\\-1\end{bmatrix}=\pm\frac{1}{\sqrt{2}}\begin{bmatrix}1\\0\\-1\end{bmatrix}$$

だから $P=\begin{bmatrix}1/\sqrt{2}&0&1/\sqrt{2}\\0&1&0\\1/\sqrt{2}&0&-1/\sqrt{2}\end{bmatrix}$ とおけば P は直交行列で $P^{-1}AP=\begin{bmatrix}2&0&0\\0&1&0\\0&0&0\end{bmatrix}$ となる.

確認 $|P|=-1\neq 0$ であり, $B=\begin{bmatrix}2&0&0\\0&1&0\\0&0&0\end{bmatrix}$ とすれば下の計算より $AP=PB$ を得る*.

$$AP=\begin{bmatrix}1&0&1\\0&1&0\\1&0&1\end{bmatrix}\begin{bmatrix}\frac{1}{\sqrt{2}}&0&\frac{1}{\sqrt{2}}\\0&1&0\\\frac{1}{\sqrt{2}}&0&-\frac{1}{\sqrt{2}}\end{bmatrix}=\begin{bmatrix}\sqrt{2}&0&0\\0&1&0\\\sqrt{2}&0&0\end{bmatrix},\quad PB=\begin{bmatrix}\frac{1}{\sqrt{2}}&0&\frac{1}{\sqrt{2}}\\0&1&0\\\frac{1}{\sqrt{2}}&0&-\frac{1}{\sqrt{2}}\end{bmatrix}\begin{bmatrix}2&0&0\\0&1&0\\0&0&0\end{bmatrix}=\begin{bmatrix}\sqrt{2}&0&0\\0&1&0\\\sqrt{2}&0&0\end{bmatrix}$$

問題 11.1

1. 次の対称行列 A を直交行列で対角化せよ.

(1) $A=\begin{bmatrix}1&0&-2\\0&2&0\\-2&0&1\end{bmatrix}$ (2) $A=\begin{bmatrix}1&0&0\\0&1&2\\0&2&1\end{bmatrix}$ (3) $A=\begin{bmatrix}0&1&1\\1&1&0\\1&0&1\end{bmatrix}$

(4) $A=\begin{bmatrix}-1&2&0\\2&0&-2\\0&-2&1\end{bmatrix}$ (5) $A=\begin{bmatrix}3&1&-1\\1&0&-2\\-1&-2&0\end{bmatrix}$ (6) $A=\begin{bmatrix}2&1&0\\1&1&1\\0&1&2\end{bmatrix}$

(7) $A=\begin{bmatrix}3&-2&0\\-2&2&2\\0&2&1\end{bmatrix}$ (8) $A=\begin{bmatrix}1&2&1\\2&1&-1\\1&-1&0\end{bmatrix}$ (9) $A=\begin{bmatrix}1&1&2\\1&2&1\\2&1&1\end{bmatrix}$

---

* P は直交行列なので $P^{-1}={}^tP$ だから, 直接 $P^{-1}AP={}^tPAP=B$ を確認してもよい.

11.2　固有方程式が重解を持つ場合

この節では固有方程式が重解を持つような対称行列の対角化を学ぶ*．固有値が α, α, β のとき定理 11.2 より異なる固有値に属する固有ベクトルは直交するので，α に属する固有ベクトルから互いに直交する 2 つの固有ベクトルを選ぶ作業が加わるのが前節との本質的な違いである．

例題 11.2. 対称行列 $A = \begin{bmatrix} 2 & -1 & 2 \\ -1 & 2 & 2 \\ 2 & 2 & -1 \end{bmatrix}$ を直交行列で対角化せよ．

答. $|\lambda E - A| = \begin{vmatrix} \lambda-2 & 1 & \boxed{-2} \\ \boxed{1} & \lambda-2 & -2 \\ -2 & -2 & \lambda+1 \end{vmatrix} \overset{①-②}{=\!=\!=} \begin{vmatrix} \lambda-3 & -(\lambda-3) & 0 \\ 1 & \lambda-2 & -2 \\ -2 & \boxed{-2} & \lambda+1 \end{vmatrix} \overset{\boxed{2}-\boxed{1}}{=\!=\!=} \begin{vmatrix} \lambda-3 & -2(\lambda-3) & 0 \\ 1 & \lambda-3 & -2 \\ -2 & 0 & \lambda+1 \end{vmatrix}$

$= (\lambda+1)(\lambda-3)^2 - 8(\lambda-3) + 2(\lambda-3)(\lambda+1) = (\lambda-3)(\lambda^2 - 2\lambda - 3 - 8 + 2\lambda + 2)$

$= (\lambda-3)(\lambda^2-9) = (\lambda-3)^2(\lambda+3)$ より A の固有値は $3, 3, -3$.

固有値 3 に属する固有ベクトル $\boldsymbol{x}$ は $(A-3E)\boldsymbol{x} = \boldsymbol{o}$ の解だから

$A - 3E = \begin{bmatrix} -1 & -1 & 2 \\ -1 & -1 & 2 \\ 2 & 2 & -4 \end{bmatrix} \Rightarrow \begin{bmatrix} 1 & 1 & -2 \\ 0 & 0 & 0 \\ 0 & 0 & 0 \end{bmatrix}$ より $x = -y + 2z$. よって $y = a,\ z = b$ とおけば

$x = -a + 2b,\ y = a,\ z = b$ となり $\boldsymbol{x} = \begin{bmatrix} -a+2b \\ a \\ b \end{bmatrix} = -a\begin{bmatrix} 1 \\ -1 \\ 0 \end{bmatrix} + b\begin{bmatrix} 2 \\ 0 \\ 1 \end{bmatrix}$ $(a \neq 0$ または $b \neq 0)$

固有値 -3 に属する固有ベクトル $\boldsymbol{y}$ は $(A-(-3)E)\boldsymbol{y} = \boldsymbol{o}$ の解だから

$A + 3E = \begin{bmatrix} 5 & -1 & 2 \\ -1 & 5 & 2 \\ 2 & 2 & 2 \end{bmatrix} \Rightarrow \begin{bmatrix} 1 & 0 & 1/2 \\ 0 & 1 & 1/2 \\ 0 & 0 & 0 \end{bmatrix}$ より $\begin{cases} x + \dfrac{1}{2}z = 0 \\ y + \dfrac{1}{2}z = 0 \end{cases},\ \begin{cases} x = -\dfrac{1}{2}z \\ y = -\dfrac{1}{2}z \end{cases}$.

よって $z = -2c$ とおけば $x = c,\ y = c,\ z = -2c$ となり $\boldsymbol{y} = \begin{bmatrix} c \\ c \\ -2c \end{bmatrix} = c\begin{bmatrix} 1 \\ 1 \\ -2 \end{bmatrix}$ $(c \neq 0)$

* 固有方程式が 3 重解を持つ対称行列は対角行列（スカラー行列）なので，3 重解を持つ場合は気にしなくてよい．

ここで† $\boldsymbol{v}=\begin{bmatrix}1\\-1\\0\end{bmatrix}$ として $\boldsymbol{v}$ に直交するベクトル $\boldsymbol{w}=\begin{bmatrix}-a+2b\\a\\b\end{bmatrix}$ を求めると $(\boldsymbol{v},\boldsymbol{w})=-2a+2b=0$ すなわち $a=b$ より $\boldsymbol{w}=\begin{bmatrix}a\\a\\a\end{bmatrix}=a\begin{bmatrix}1\\1\\1\end{bmatrix}$ だから $\boldsymbol{v}$, $\boldsymbol{w}$ を自身の長さで割って得た 2 つのベクトル

$$\frac{1}{\|\boldsymbol{v}\|}\boldsymbol{v}=\frac{1}{\sqrt{1^2+(-1)^2+0}}\begin{bmatrix}1\\-1\\0\end{bmatrix}=\frac{1}{\sqrt{2}}\begin{bmatrix}1\\-1\\0\end{bmatrix} \quad と \quad \frac{1}{\|\boldsymbol{w}\|}\boldsymbol{w}=\frac{1}{\sqrt{1+1+1}}\begin{bmatrix}1\\1\\1\end{bmatrix}=\frac{1}{\sqrt{3}}\begin{bmatrix}1\\1\\1\end{bmatrix}$$

は固有値 3 に属して，互いに直交する長さ 1 の固有ベクトルである．

また固有値 -3 に属する固有ベクトルのうち長さが 1 のものは $\pm\frac{1}{\sqrt{1+1+4}}\begin{bmatrix}1\\1\\-2\end{bmatrix}=\pm\frac{1}{\sqrt{6}}\begin{bmatrix}1\\1\\-2\end{bmatrix}$

だから $P=\begin{bmatrix}\frac{1}{\sqrt{2}} & \frac{1}{\sqrt{3}} & \frac{1}{\sqrt{6}}\\ -\frac{1}{\sqrt{2}} & \frac{1}{\sqrt{3}} & \frac{1}{\sqrt{6}}\\ 0 & \frac{1}{\sqrt{3}} & -\frac{2}{\sqrt{6}}\end{bmatrix}$ とおけば P は直交行列で $P^{-1}AP=\begin{bmatrix}3&0&0\\0&3&0\\0&0&-3\end{bmatrix}$ となる．

確認 $|P|=-1\neq 0$ であり，$B=\begin{bmatrix}3&0&0\\0&3&0\\0&0&-3\end{bmatrix}$ とすれば下の計算より $AP=PB$ を得る‡．

$$AP=\begin{bmatrix}2&-1&2\\-1&2&2\\2&2&-1\end{bmatrix}\begin{bmatrix}1/\sqrt{2}&1/\sqrt{3}&1/\sqrt{6}\\-1/\sqrt{2}&1/\sqrt{3}&1/\sqrt{6}\\0&1/\sqrt{3}&-2/\sqrt{6}\end{bmatrix}=\begin{bmatrix}3/\sqrt{2}&\sqrt{3}&-3/\sqrt{6}\\-3/\sqrt{2}&\sqrt{3}&-3/\sqrt{6}\\0&\sqrt{3}&\sqrt{6}\end{bmatrix}$$

$$PB=\begin{bmatrix}1/\sqrt{2}&1/\sqrt{3}&1/\sqrt{6}\\-1/\sqrt{2}&1/\sqrt{3}&1/\sqrt{6}\\0&1/\sqrt{3}&-2/\sqrt{6}\end{bmatrix}\begin{bmatrix}3&0&0\\0&3&0\\0&0&-3\end{bmatrix}=\begin{bmatrix}3/\sqrt{2}&\sqrt{3}&-3/\sqrt{6}\\-3/\sqrt{2}&\sqrt{3}&-3/\sqrt{6}\\0&\sqrt{3}&\sqrt{6}\end{bmatrix}$$

問題 11.2

1. 次の対称行列 A を直交行列で対角化せよ．

(1) $A=\begin{bmatrix}0&0&1\\0&1&0\\1&0&0\end{bmatrix}$ (2) $A=\begin{bmatrix}2&-1&-1\\-1&2&-1\\-1&-1&2\end{bmatrix}$ (3) $A=\begin{bmatrix}1&0&\sqrt{2}\\0&2&0\\\sqrt{2}&0&0\end{bmatrix}$

(4) $A=\begin{bmatrix}1&1&-1\\1&1&1\\-1&1&1\end{bmatrix}$ (5) $A=\begin{bmatrix}2&2&2\\2&5&-1\\2&-1&5\end{bmatrix}$ (6) $A=\begin{bmatrix}8&2&-2\\2&5&4\\-2&4&5\end{bmatrix}$

---

† 固有値 3 に属する固有ベクトル $\begin{bmatrix}-a+2b\\a\\b\end{bmatrix}$ で直交するベクトル $\boldsymbol{v}$,$\boldsymbol{w}$ を求める．まず $\boldsymbol{v}$ は勝手に選んでよい（ここでは $a=-1$, $b=0$ とした）．次にこの $\boldsymbol{v}$ に直交する固有値 3 に属する固有ベクトル $\boldsymbol{w}$ を求める．

‡ P は直交行列なので $P^{-1}={}^tP$ だから，直接 $P^{-1}AP={}^tPAP=B$ を確認してもよい．

第 12 章　発展

12.1　ジョルダン標準形

対角化可能でない行列 A も，**ジョルダン標準形**と呼ばれる形にすることができ，A のべき A^n の計算などに役立てることができる．2 次正方行列の場合，ジョルダン標準形は $\begin{bmatrix}\alpha & 0\\ 0 & \beta\end{bmatrix}$, $\begin{bmatrix}\alpha & 0\\ 0 & \alpha\end{bmatrix}$, $\begin{bmatrix}\alpha & 1\\ 0 & \alpha\end{bmatrix}$ で，次のようにまとめられる．

・ A の固有方程式が重解を持たない場合：A の固有値を α, β とすると

$$\text{正則行列 } P \text{ が存在して } P^{-1}AP = \begin{bmatrix}\alpha & 0\\ 0 & \beta\end{bmatrix} = B, \quad B^n = \begin{bmatrix}a^n & 0\\ 0 & \beta^n\end{bmatrix} \quad (4.2\text{ 節})$$

・ A の固有方程式が重解 α を持つ場合：斉次連立方程式 $(A-\alpha E)\boldsymbol{x} = \boldsymbol{o}$ の解の自由度が

$$2 \to \quad A = \alpha E = \begin{bmatrix}\alpha & 0\\ 0 & \alpha\end{bmatrix}, \qquad A^n = \begin{bmatrix}\alpha^n & 0\\ 0 & \alpha^n\end{bmatrix}$$

$$1 \to \text{ 正則行列 } P \text{ が存在して } P^{-1}AP = \begin{bmatrix}\alpha & 1\\ 0 & \alpha\end{bmatrix} = B, \quad B^n = \begin{bmatrix}a^n & n\alpha^{n-1}\\ 0 & \alpha^n\end{bmatrix}$$

例題 12.1. 行列 $A = \begin{bmatrix}3 & 1\\ -1 & 1\end{bmatrix}$ のジョルダン標準形を求めよ．

解説．$|\lambda E - A| = \begin{vmatrix}\lambda-3 & -1\\ 1 & \lambda-1\end{vmatrix} = (\lambda-2)^2 = 0$ より固有値は 2（重解）．

固有値 2 に属する固有ベクトル $\boldsymbol{x}$ は $(A-2E)\boldsymbol{x} = \boldsymbol{o}$ の解だから $A-2E = \begin{bmatrix}1 & 1\\ -1 & -1\end{bmatrix} \Rightarrow \begin{bmatrix}1 & 1\\ 0 & 0\end{bmatrix}$

より $\boldsymbol{x} = a\begin{bmatrix}1\\ -1\end{bmatrix}$ $(a \neq 0)$．　次に $\boldsymbol{v} = \begin{bmatrix}1\\ -1\end{bmatrix}$ として，$(A-2E)\boldsymbol{x} = \boldsymbol{v}$ となる $\boldsymbol{x}$ を求めると

$(A-2E)\boldsymbol{x} = \boldsymbol{v} \Leftrightarrow \begin{cases} x+y = 1\\ -x-y = -1\end{cases}$ を解いて $y = 1-x$ だから $\boldsymbol{x} = \begin{bmatrix}b\\ 1-b\end{bmatrix}$．そこで

$b = 0$ とおいて $\boldsymbol{w} = \begin{bmatrix}0\\ 1\end{bmatrix}$ とし，$P = [\,\boldsymbol{v}\ \ \boldsymbol{w}\,] = \begin{bmatrix}1 & 0\\ -1 & 1\end{bmatrix}$ とすると $P^{-1}AP = \begin{bmatrix}2 & 1\\ 0 & 2\end{bmatrix}$ となる．

確認　$|P| = 1 \neq 0$ であり，$B = \begin{bmatrix}2 & 1\\ 0 & 2\end{bmatrix}$ として

$AP = \begin{bmatrix}3 & 1\\ -1 & 1\end{bmatrix}\begin{bmatrix}1 & 1\\ -1 & 0\end{bmatrix} = \begin{bmatrix}2 & 3\\ -2 & -1\end{bmatrix}$, $PB = \begin{bmatrix}1 & 1\\ -1 & 0\end{bmatrix}\begin{bmatrix}2 & 1\\ 0 & 2\end{bmatrix} = \begin{bmatrix}2 & 3\\ -2 & -1\end{bmatrix}$ より $AP = PB$.

3 次正方行列の場合は次のようにまとめられる.

・ A の固有方程式が重解を持たない場合：A の固有値を α, β, γ とすると

$$\text{正則行列 } P \text{ が存在して } P^{-1}AP = \begin{bmatrix} \alpha & 0 & 0 \\ 0 & \beta & 0 \\ 0 & 0 & \gamma \end{bmatrix} = B, \quad B^n = \begin{bmatrix} a^n & 0 & 0 \\ 0 & \beta^n & 0 \\ 0 & 0 & \gamma^n \end{bmatrix} \quad (10.1\text{ 節})$$

・ A の固有方程式が 2 重解 α を持つ場合：斉次連立方程式 $(A - \alpha E)\boldsymbol{x} = \boldsymbol{o}$ の解の自由度が

$$2 \to \text{正則行列 } P \text{ が存在して } P^{-1}AP = \begin{bmatrix} \alpha & 0 & 0 \\ 0 & \alpha & 0 \\ 0 & 0 & \beta \end{bmatrix} = B, \quad B^n = \begin{bmatrix} a^n & 0 & 0 \\ 0 & \alpha^n & 0 \\ 0 & 0 & \beta^n \end{bmatrix} \quad (10.2\text{ 節})$$

$$1 \to \text{正則行列 } P \text{ が存在して } P^{-1}AP = \begin{bmatrix} \alpha & 1 & 0 \\ 0 & \alpha & 0 \\ 0 & 0 & \beta \end{bmatrix} = B, \quad B^n = \begin{bmatrix} a^n & n\alpha^{n-1} & 0 \\ 0 & \alpha^n & 0 \\ 0 & 0 & \beta^n \end{bmatrix}$$

・ A の固有方程式が 3 重解 α を持つ場合：斉次連立方程式 $(A - \alpha E)\boldsymbol{x} = \boldsymbol{o}$ の解の自由度が

$$3 \to A = \alpha E = \begin{bmatrix} \alpha & 0 & 0 \\ 0 & \alpha & 0 \\ 0 & 0 & \alpha \end{bmatrix}, \quad A^n = \begin{bmatrix} a^n & 0 & 0 \\ 0 & \alpha^n & 0 \\ 0 & 0 & \alpha^n \end{bmatrix}$$

$$2 \to \text{正則行列 } P \text{ が存在して } P^{-1}AP = \begin{bmatrix} \alpha & 1 & 0 \\ 0 & \alpha & 0 \\ 0 & 0 & \alpha \end{bmatrix} = B, \quad B^n = \begin{bmatrix} a^n & n\alpha^{n-1} & 0 \\ 0 & \alpha^n & 0 \\ 0 & 0 & \alpha^n \end{bmatrix}$$

$$1 \to \text{正則行列 } P \text{ が存在して } P^{-1}AP = \begin{bmatrix} \alpha & 1 & 0 \\ 0 & \alpha & 1 \\ 0 & 0 & \alpha \end{bmatrix} = B, \quad B^n = \begin{bmatrix} a^n & n\alpha^{n-1} & \frac{n(n-1)}{2}\alpha^{n-2} \\ 0 & \alpha^n & n\alpha^{n-1} \\ 0 & 0 & \alpha^n \end{bmatrix}$$

問題 12.1

1. 次の行列 A のジョルダン標準形を求めよ.

(1) $A = \begin{bmatrix} 4 & 1 \\ -1 & 2 \end{bmatrix}$　　(2) $A = \begin{bmatrix} 1 & 4 \\ -1 & -3 \end{bmatrix}$

12.2　2次形式および対称行列の正値性・負値性

例題 12.2. 任意の $(x,y) \neq (0,0)$ について $F(x,y) = 6x^2 - 4xy + 3y^2 > 0$ が成り立つことを示せ.

解説. まず，5.2節で学んだように2次形式 $F(x,y)$ の標準形を求めてみよう.

$F(x,y) = \begin{bmatrix} x & y \end{bmatrix} \begin{bmatrix} 6 & -2 \\ -2 & 3 \end{bmatrix} \begin{bmatrix} x \\ y \end{bmatrix} = {}^t\boldsymbol{x}A\boldsymbol{x}$ として，A の固有値 7, 2 とそれぞれの固有値に属する固有ベクトル $a\begin{bmatrix} 2 \\ -1 \end{bmatrix}, b\begin{bmatrix} 1 \\ 2 \end{bmatrix}$ を求めて $P = \dfrac{1}{\sqrt{5}}\begin{bmatrix} 2 & 1 \\ -1 & 2 \end{bmatrix}$（直交行列）とおけば

$P^{-1}AP = {}^tPAP = \begin{bmatrix} 7 & 0 \\ 0 & 2 \end{bmatrix}$ となるので，$\boldsymbol{x} = P\boldsymbol{x}'$ とすれば $F(x,y)$ の標準形が求まる.

$$F(x,y) = {}^t\boldsymbol{x}'\,{}^tPAP\boldsymbol{x}' = \begin{bmatrix} X & Y \end{bmatrix} \begin{bmatrix} 7 & 0 \\ 0 & 2 \end{bmatrix} \begin{bmatrix} X \\ Y \end{bmatrix} = 7X^2 + 2Y^2 \cdots ①$$

①は任意の $(X,Y) \neq (0,0)$ について正の値を取り，$(x,y) \neq (0,0)$ のとき $(X,Y) \neq (0,0)$ なので題意が示せた.

n 次対称行列 A とベクトル $\boldsymbol{x} = \begin{bmatrix} x_1 \\ \vdots \\ x_n \end{bmatrix}$ について $A[\boldsymbol{x}] = {}^t\boldsymbol{x}A\boldsymbol{x} = F(x_1, x_2, \ldots, x_n)$ を**2次形式**という. 2次形式 $A[\boldsymbol{x}]$ または対称行列 A は，任意のベクトル $\boldsymbol{x}(\neq \boldsymbol{o})$ に対して $A[\boldsymbol{x}] > 0$ であるとき**正値**，$A[\boldsymbol{x}] < 0$ であるとき**負値**という*. $A[\boldsymbol{x}]$ の標準形を考えれば分かるように，

$$A[\boldsymbol{x}] \text{ または } A \text{ が正値（負値）} \Leftrightarrow A \text{ の固有値がすべて正（負）}$$

であるが，$n = 2$ の場合正値性，負値性は次のように判定できる.

定理 12.1. 2次対称行列 $A = \begin{bmatrix} a & b \\ b & c \end{bmatrix}$ について次が成り立つ.

(1) $A[\boldsymbol{x}]$ または A が正値 $\Leftrightarrow$ A の固有値がすべて正 $\Leftrightarrow a > 0, |A| > 0$.

(2) $A[\boldsymbol{x}]$ または A が負値 $\Leftrightarrow$ A の固有値がすべて負 $\Leftrightarrow a < 0, |A| > 0$.

例題 12.3. 次の2次形式 $F(x,y)$ が正値，負値，もしくはそのいずれでもないか判定せよ.

(1) $F(x,y) = x^2 - 2xy + 2y^2$　(2) $F(x,y) = x^2 - 4xy + 2y^2$

答. (1) $F(x,y) = \begin{bmatrix} x & y \end{bmatrix} \begin{bmatrix} 1 & -1 \\ -1 & 2 \end{bmatrix} \begin{bmatrix} x \\ y \end{bmatrix}$ より対応する対称行列は $A = \begin{bmatrix} 1 & -1 \\ -1 & 2 \end{bmatrix}$ である.

よって $a_{11} = 1 > 0, |A| = 1 > 0$ より $F(x,y) = A[\boldsymbol{x}]$ は正値である.

(2) $F(x,y) = \begin{bmatrix} x & y \end{bmatrix} \begin{bmatrix} 1 & -2 \\ -2 & 2 \end{bmatrix} \begin{bmatrix} x \\ y \end{bmatrix}$ より対応する対称行列は $A = \begin{bmatrix} 1 & -2 \\ -2 & 2 \end{bmatrix}$ である.

よって $a_{11} = 1 > 0, |A| = -2 < 0$ より $F(x,y) = A[\boldsymbol{x}]$ は正値でも負値でもない.

---

* それぞれ，正値定符号，負値定符号ともいう.

$n=3$ の場合は次のように正値性，負値性を判定できる．

定理 12.2. 3 次対称行列 $A=\begin{bmatrix} a & b & d \\ b & c & e \\ d & e & f \end{bmatrix}$ について次が成り立つ．

(1) $A[\boldsymbol{x}]$ または A が正値 $\Leftrightarrow$ A の固有値がすべて正 $\Leftrightarrow$ $a>0$, $\begin{vmatrix} a & b \\ b & c \end{vmatrix}>0$, $|A|>0$.

(2) $A[\boldsymbol{x}]$ または A が負値 $\Leftrightarrow$ A の固有値がすべて負 $\Leftrightarrow$ $a<0$, $\begin{vmatrix} a & b \\ b & c \end{vmatrix}>0$, $|A|<0$.

例題 12.4. 次の 2 次形式 $F(x,y,z)$ が正値，負値，もしくはそのいずれでもないか判定せよ．

(1) $F(x,y,z)=-x^2-2y^2-6z^2+2xy+2xz+2yz$

(2) $F(x,y,z)=-x^2-2y^2-4z^2+2xy+2xz+2yz$

答． (1) $F(x,y,z)=\begin{bmatrix} x & y & z \end{bmatrix}\begin{bmatrix} -1 & 1 & 1 \\ 1 & -2 & 1 \\ 1 & 1 & -6 \end{bmatrix}\begin{bmatrix} x \\ y \\ z \end{bmatrix}$ より対応する対称行列は $A=\begin{bmatrix} -1 & 1 & 1 \\ 1 & -2 & 1 \\ 1 & 1 & -6 \end{bmatrix}$.

よって $a_{11}=-1<0$, $\begin{vmatrix} -1 & 1 \\ 1 & -2 \end{vmatrix}=1>0$, $|A|=-1<0$ より $F(x,y,z)=A[\boldsymbol{x}]$ は負値である．

(2) $F(x,y,z)=\begin{bmatrix} x & y & z \end{bmatrix}\begin{bmatrix} -1 & 1 & 1 \\ 1 & -2 & 1 \\ 1 & 1 & -4 \end{bmatrix}\begin{bmatrix} x \\ y \\ z \end{bmatrix}$ より対応する対称行列は $A=\begin{bmatrix} -1 & 1 & 1 \\ 1 & -2 & 1 \\ 1 & 1 & -4 \end{bmatrix}$.

よって $a_{11}=-1<0$, $\begin{vmatrix} -1 & 1 \\ 1 & -2 \end{vmatrix}=1>0$, $|A|=1>0$ より $F(x,y,z)=A[\boldsymbol{x}]$ は正値でも負値でもない．

問題 12.2

1. 次の 2 次形式 $F(x,y)$, $F(x,y,z)$ が正値，負値，もしくはそのいずれでもないか判定せよ．

(1) $F(x,y)=3x^2+2xy+2y^2$　　(2) $F(x,y)=-2x^2+4xy-y^2$

(3) $F(x,y)=x^2+6xy+6y^2$　　(4) $F(x,y)=-5x^2+4xy-y^2$

(5) $F(x,y,z)=2x^2+3y^2+3z^2-4xy+2xz+4yz$

(6) $F(x,y,z)=-x^2-2y^2-3z^2-2xy+2xz+4yz$

(7) $F(x,y,z)=3x^2+y^2+3z^2+2xy-4xz-2yz$

(8) $F(x,y,z)=-4x^2-3y^2-2z^2+6xy-2xz-6yz$

12.3　ベクトル空間

n 次元ベクトル全体の集合を $\mathbb{R}^n$ として，第1章で定義したように2つのベクトルが等しいことや和（差），そしてスカラー倍を定めたとき，$\mathbb{R}^n$ を n **次元ベクトル空間**という．

m 個の n 次元ベクトル $\boldsymbol{v}_1, \boldsymbol{v}_2, \ldots, \boldsymbol{v}_m$ を考える．これらのスカラー倍の和

$$a_1\boldsymbol{v}_1 + a_2\boldsymbol{v}_2 + \cdots + a_m\boldsymbol{v}_m \cdots (*)$$

はまた n 次元ベクトルであり，$\boldsymbol{v}_1, \boldsymbol{v}_2, \ldots, \boldsymbol{v}_m$ の**1次結合**という．スカラー $a_1, a_2, \ldots, a_m$ の値を変えることで様々なベクトルを表すが，特に $a_1 = a_2 = \cdots = a_m = 0$ の時は零ベクトル $\boldsymbol{o}$ を表す．$\boldsymbol{v}_1, \boldsymbol{v}_2, \ldots, \boldsymbol{v}_m$ は，この場合しか $\boldsymbol{o}$ を表さないとき**1次独立**であるといい，この場合以外にも $\boldsymbol{o}$ を表すことができるとき**1次従属**であるという．例えば例題1.7で扱った3つの平面ベクトル $\boldsymbol{v} = \begin{bmatrix} 1 \\ 2 \end{bmatrix}, \boldsymbol{w} = \begin{bmatrix} 3 \\ 4 \end{bmatrix}, \boldsymbol{u} = \begin{bmatrix} 2 \\ 5 \end{bmatrix}$ は $7\boldsymbol{v} - \boldsymbol{w} - 2\boldsymbol{u} = \boldsymbol{o}$ より1次従属である．

ここで $\boldsymbol{v}_1, \boldsymbol{v}_2, \ldots, \boldsymbol{v}_m$ を横に並べた $n \times m$ 行列 $\begin{bmatrix} \boldsymbol{v}_1 & \boldsymbol{v}_2 & \cdots & \boldsymbol{v}_m \end{bmatrix}$ を A とし $\boldsymbol{a} = {}^t\begin{bmatrix} a_1 & a_2 & \cdots & a_m \end{bmatrix}$ とすれば，$(*)$ は $A\boldsymbol{a}$ と書けることに注意しよう．つまり $\boldsymbol{v}_1, \boldsymbol{v}_2, \ldots, \boldsymbol{v}_m$ は斉次連立方程式 $A\boldsymbol{x} = \boldsymbol{o}$ が自明な解のみを持てば1次独立，自明でない解を持てば1次従属である．よって定理8.4から次が得られる．

定理12.3. $A = \begin{bmatrix} \boldsymbol{v}_1 \, \boldsymbol{v}_2 \cdots \boldsymbol{v}_m \end{bmatrix}$ とするとき，次が成り立つ

(1) $\boldsymbol{v}_1, \boldsymbol{v}_2, \ldots, \boldsymbol{v}_m$ は1次独立 $\Leftrightarrow \mathrm{rank}A = m$.

(2) $\boldsymbol{v}_1, \boldsymbol{v}_2, \ldots, \boldsymbol{v}_m$ は1次従属 $\Leftrightarrow \mathrm{rank}A < m$.

例題12.5. 次のベクトル $\boldsymbol{v}, \boldsymbol{w}, \boldsymbol{u}$ が1次独立か1次従属か判定せよ．

$$(1)\ \boldsymbol{v} = \begin{bmatrix} 1 \\ -1 \\ 0 \\ 2 \end{bmatrix}, \boldsymbol{w} = \begin{bmatrix} -1 \\ 2 \\ 3 \\ -1 \end{bmatrix}, \boldsymbol{u} = \begin{bmatrix} 2 \\ -3 \\ -2 \\ 0 \end{bmatrix} \qquad (2)\ \boldsymbol{v} = \begin{bmatrix} 1 \\ 2 \\ -1 \\ 3 \end{bmatrix}, \boldsymbol{w} = \begin{bmatrix} 1 \\ 3 \\ 1 \\ 4 \end{bmatrix}, \boldsymbol{u} = \begin{bmatrix} -2 \\ -2 \\ 6 \\ -4 \end{bmatrix}$$

答．$A = \begin{bmatrix} \boldsymbol{v} \, \boldsymbol{w} \, \boldsymbol{u} \end{bmatrix}$ として $\mathrm{rank}A$ とベクトルの個数 $m = 3$ を比較する．

(1) 次の変形により $\mathrm{rank}A = 3$ だから $\boldsymbol{v}, \boldsymbol{w}, \boldsymbol{u}$ は1次独立．

(2) 次の変形により $\mathrm{rank}A = 2 < 3$ だから $\boldsymbol{v}, \boldsymbol{w}, \boldsymbol{u}$ は1次従属．

また，$A\boldsymbol{a} = \boldsymbol{o}$ の解は $x = 4a, y = -2a, z = a$ だから $4\boldsymbol{v} - 2\boldsymbol{w} + \boldsymbol{u} = \boldsymbol{o}$ を得る．

(1) $$\left[\begin{array}{|ccc}1&-1&2\\-1&2&-3\\0&3&-2\\2&-1&0\end{array}\right]\xrightarrow[\text{④}-\text{①}\times 2]{\text{②}+\text{①}}\left[\begin{array}{c|cc}1&-1&2\\\hline 0&1&-1\\0&3&-2\\0&1&-4\end{array}\right]\xrightarrow[\substack{\text{③}-\text{②}\times 3\\\text{④}-\text{②}}]{\text{①}+\text{②}}\left[\begin{array}{cc|c}1&0&1\\0&1&-1\\\hline 0&0&1\\0&0&-3\end{array}\right]\xrightarrow[\text{④}+\text{③}\times 3]{\substack{\text{①}-\text{③}\\\text{②}+\text{③}}}\left[\begin{array}{ccc}1&0&0\\0&1&0\\0&0&1\\\hline 0&0&0\end{array}\right]$$

(2) $$\left[\begin{array}{|ccc}1&1&-2\\2&3&-2\\-1&1&6\\3&4&-4\end{array}\right]\xrightarrow[\substack{\text{②}-\text{①}\times 2\\\text{③}+\text{①}\\\text{④}-\text{①}\times 3}]{}\left[\begin{array}{c|cc}1&1&-2\\\hline 0&1&2\\0&2&4\\0&1&2\end{array}\right]\xrightarrow[\substack{\text{③}-\text{②}\times 2\\\text{④}-\text{②}}]{\text{①}-\text{②}}\left[\begin{array}{cc|c}1&0&-4\\0&1&2\\\hline 0&0&0\\0&0&0\end{array}\right]$$

1 次独立である n 個の $\mathbb{R}^n$ のベクトルを $\mathbb{R}^n$ の（1 組の）**基底**という．$\mathbb{R}^n$ のどのベクトルも基底の 1 次結合としてただ一通りに表される．

例題 12.6. 空間ベクトル $\boldsymbol{v}=\begin{bmatrix}1\\2\\1\end{bmatrix}$, $\boldsymbol{w}=\begin{bmatrix}2\\0\\1\end{bmatrix}$, $\boldsymbol{u}=\begin{bmatrix}-1\\1\\-2\end{bmatrix}$ が $\mathbb{R}^3$ の基底であることを示し，$\boldsymbol{x}=\begin{bmatrix}9\\3\\7\end{bmatrix}$ を $\boldsymbol{v}, \boldsymbol{w}, \boldsymbol{u}$ の 1 次結合として表せ．

答．$A=\begin{bmatrix}\boldsymbol{v}\ \boldsymbol{w}\ \boldsymbol{u}\end{bmatrix}$ として $\mathrm{rank}A=3$ であることを示してもよいが，これは定理 8.5 より A が正則であることと同値なので，$|A|=7\neq 0$ より $\boldsymbol{v}, \boldsymbol{w}, \boldsymbol{u}$ は基底である．次に $\boldsymbol{a}=\begin{bmatrix}a\\b\\c\end{bmatrix}$ として $A\boldsymbol{a}=\boldsymbol{x}$ を解くと $a=2, b=3, c=-1$ より $\boldsymbol{x}=2\boldsymbol{v}+3\boldsymbol{w}-\boldsymbol{u}$ となる．

また，属するどのベクトルも長さが 1 で，どの 2 つも互いに直交するような基底を**正規直交基底**といい，$\mathbb{R}^n$ の正規直交基底 $\boldsymbol{v}_1, \boldsymbol{v}_2, \ldots, \boldsymbol{v}_n$ を横に並べた行列 $\begin{bmatrix}\boldsymbol{v}_1\ \boldsymbol{v}_2\ \cdots\ \boldsymbol{v}_m\end{bmatrix}$ を**直交行列**という*．

問題 12.3

1. 次のベクトル $\boldsymbol{v}, \boldsymbol{w}, \boldsymbol{u}$ が 1 次独立か 1 次従属か判定せよ．

(1) $\boldsymbol{v}=\begin{bmatrix}1\\2\\3\\4\end{bmatrix}$, $\boldsymbol{w}=\begin{bmatrix}2\\3\\4\\1\end{bmatrix}$, $\boldsymbol{u}=\begin{bmatrix}3\\4\\5\\-2\end{bmatrix}$　(2) $\boldsymbol{v}=\begin{bmatrix}1\\2\\3\\4\end{bmatrix}$, $\boldsymbol{w}=\begin{bmatrix}2\\3\\4\\1\end{bmatrix}$, $\boldsymbol{u}=\begin{bmatrix}3\\4\\1\\2\end{bmatrix}$

2. 空間ベクトル $\boldsymbol{v}=\begin{bmatrix}1\\1\\1\end{bmatrix}$, $\boldsymbol{w}=\begin{bmatrix}-1\\1\\-1\end{bmatrix}$, $\boldsymbol{u}=\begin{bmatrix}1\\1\\0\end{bmatrix}$ が $\mathbb{R}^3$ の基底であることを示し，

$\boldsymbol{x}=\begin{bmatrix}9\\3\\7\end{bmatrix}$ を $\boldsymbol{v}, \boldsymbol{w}, \boldsymbol{u}$ の 1 次結合として表せ．

* 2 次直交行列は第 5 章で，3 次直交行列は第 11 章で学んだ．

12.4　シュミットの直交化法

この節では，$\mathbb{R}^3$ の基底 $\boldsymbol{v}_1, \boldsymbol{v}_2, \boldsymbol{v}_3$ から次のような

$\mathbb{R}^3$ の正規直交基底 $\boldsymbol{w}_1, \boldsymbol{w}_2, \boldsymbol{w}_3$ をつくる方法

（**シュミットの直交化法**という）を紹介する*.

$\boldsymbol{w}_1 = a\boldsymbol{v}_1, \quad \boldsymbol{w}_2 = b\boldsymbol{v}_2 + c\boldsymbol{w}_1, \quad \boldsymbol{w}_3 = d\boldsymbol{v}_3 + e\boldsymbol{w}_1 + f\boldsymbol{w}_2$

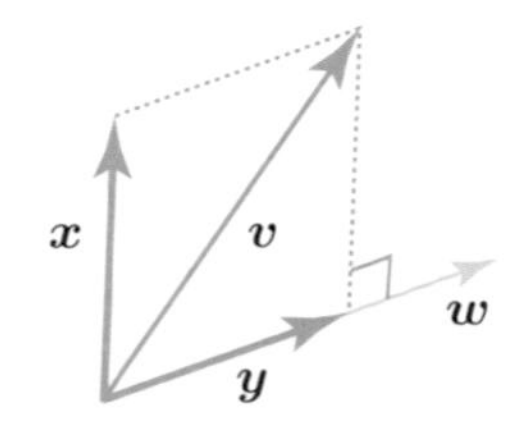

鍵となるのは あるベクトル $\boldsymbol{v}$ から

別のベクトル $\boldsymbol{w}$ に直交する成分 $\boldsymbol{x}$ を抽出するところである.

これは $\boldsymbol{v}$ から，$\boldsymbol{v}$ の $\boldsymbol{w}$ 方向成分 $\boldsymbol{y} = \alpha\boldsymbol{w}$ を引けば得られる.

内積 $(\boldsymbol{v}, \boldsymbol{w})$ は $\boldsymbol{y}$ の長さと $\boldsymbol{w}$ の長さの積だから†

$(\boldsymbol{v}, \boldsymbol{w}) = \alpha\|\boldsymbol{w}\| \cdot \|\boldsymbol{w}\| = \alpha(\boldsymbol{w}, \boldsymbol{w})$ より $\boldsymbol{y} = \alpha\boldsymbol{w} = \dfrac{(\boldsymbol{v}, \boldsymbol{w})}{(\boldsymbol{w}, \boldsymbol{w})}\boldsymbol{w}$.

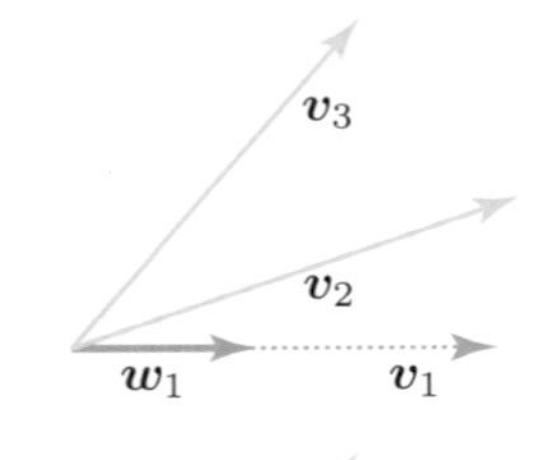

よって $\boldsymbol{x} = \boldsymbol{v} - \boldsymbol{y} = \boldsymbol{v} - \dfrac{(\boldsymbol{v}, \boldsymbol{w})}{(\boldsymbol{w}, \boldsymbol{w})}\boldsymbol{w}$ を得る．ここで特に

$\boldsymbol{w}$ の長さが 1 のとき‡ $\boldsymbol{x} = \boldsymbol{v} - (\boldsymbol{v}, \boldsymbol{w})\,\boldsymbol{w}$ である.

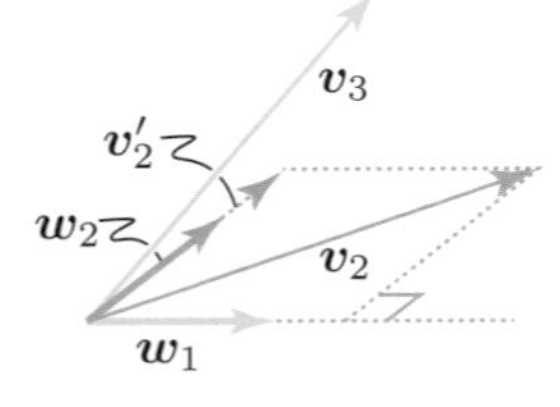

さてまず $\boldsymbol{w}_1 = \dfrac{1}{\|\boldsymbol{v}_1\|}\boldsymbol{v}_1$ を得る．次に $\boldsymbol{v}_2$ の $\boldsymbol{w}_1$ に直交する

成分 $\boldsymbol{v}_2'$ は $\boldsymbol{v}_2' = \boldsymbol{v}_2 - (\boldsymbol{v}_2, \boldsymbol{w}_1)\boldsymbol{w}_1$ で $\boldsymbol{w}_2 = \dfrac{1}{\|\boldsymbol{v}_2'\|}\boldsymbol{v}_2'$ を得る.

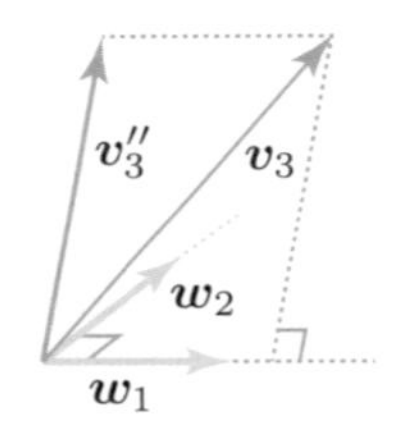

そして $\boldsymbol{v}_3$ の $\boldsymbol{w}_1$ に直交する成分 $\boldsymbol{v}_3''$ は $\boldsymbol{v}_3'' = \boldsymbol{v}_3 - (\boldsymbol{v}_3, \boldsymbol{w}_1)\boldsymbol{w}_1$ で

さらに $\boldsymbol{v}_3''$ の $\boldsymbol{w}_2$ に直交する成分 $\boldsymbol{v}_3'$ は $\boldsymbol{v}_3' = \boldsymbol{v}_3'' - (\boldsymbol{v}_3'', \boldsymbol{w}_2)\boldsymbol{w}_2$

$= \boldsymbol{v}_3 - (\boldsymbol{v}_3, \boldsymbol{w}_1)\boldsymbol{w}_1 - (\boldsymbol{v}_3, \boldsymbol{w}_2)\boldsymbol{w}_2$ で§ $\boldsymbol{w}_3 = \dfrac{1}{\|\boldsymbol{v}_3'\|}\boldsymbol{v}_3'$ を得る.

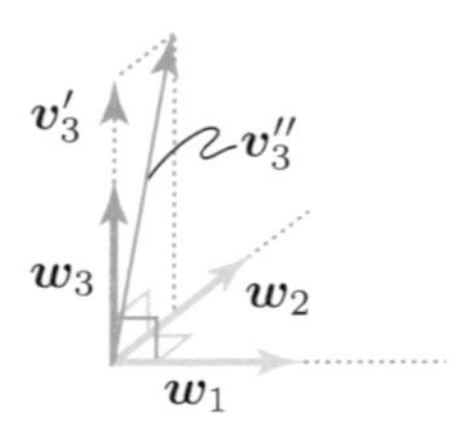

---

* シュミットの直交化法は $\mathbb{R}^n$ においても定義されるが，ここでは $\mathbb{R}^3$ のみを考える.

† 定理 6.1 より.

‡ すなわち $\|\boldsymbol{w}\|^2 = (\boldsymbol{w}, \boldsymbol{w}) = 1$ のとき

§ $(\boldsymbol{w}_2, \boldsymbol{w}_1) = 0$ より $(\boldsymbol{v}_3'', \boldsymbol{w}_2) = (\boldsymbol{v}_3 - (\boldsymbol{v}_3, \boldsymbol{w}_1)\boldsymbol{w}_1, \boldsymbol{w}_2) = (\boldsymbol{v}_3, \boldsymbol{w}_2) - (\boldsymbol{v}_3, \boldsymbol{w}_1)(\boldsymbol{w}_1, \boldsymbol{w}_2) = (\boldsymbol{v}_3, \boldsymbol{w}_2)$

例題 12.7. 空間ベクトル $\boldsymbol{v}_1 = \begin{bmatrix} 1 \\ 0 \\ 1 \end{bmatrix}$, $\boldsymbol{v}_2 = \begin{bmatrix} 3 \\ 2 \\ 1 \end{bmatrix}$, $\boldsymbol{v}_3 = \begin{bmatrix} 2 \\ -1 \\ 2 \end{bmatrix}$ が $\mathbb{R}^3$ の基底であることを示し，シュミットの直交化法を適用して正規直交基底 $\boldsymbol{w}_1$, $\boldsymbol{w}_2$, $\boldsymbol{w}_3$ をつくれ．

答. $\begin{vmatrix} 1 & 3 & 2 \\ 0 & 2 & -1 \\ 1 & 1 & 2 \end{vmatrix} = -2 \neq 0$ より $\boldsymbol{v}_1$, $\boldsymbol{v}_2$, $\boldsymbol{v}_3$ は $\mathbb{R}^3$ の基底で，まず $\boldsymbol{w}_1 = \dfrac{1}{\|\boldsymbol{v}_1\|}\boldsymbol{v}_1 = \dfrac{1}{\sqrt{2}}\begin{bmatrix} 1 \\ 0 \\ 1 \end{bmatrix}$.

次に $\boldsymbol{v}_2' = \boldsymbol{v}_2 - (\boldsymbol{v}_2, \boldsymbol{w}_1)\boldsymbol{w}_1 = \begin{bmatrix} 3 \\ 2 \\ 1 \end{bmatrix} - \dfrac{2\sqrt{2}}{\sqrt{2}}\begin{bmatrix} 1 \\ 0 \\ 1 \end{bmatrix} = \begin{bmatrix} 1 \\ 2 \\ -1 \end{bmatrix}$ より $\boldsymbol{w}_2 = \dfrac{1}{\|\boldsymbol{v}_2'\|}\boldsymbol{v}_2' = \dfrac{1}{\sqrt{6}}\begin{bmatrix} 1 \\ 2 \\ -1 \end{bmatrix}$.

また $\boldsymbol{v}_3' = \boldsymbol{v}_3 - (\boldsymbol{v}_3, \boldsymbol{w}_1)\boldsymbol{w}_1 - (\boldsymbol{v}_3, \boldsymbol{w}_2)\boldsymbol{w}_2 = \begin{bmatrix} 2 \\ -1 \\ 2 \end{bmatrix} - \dfrac{2\sqrt{2}}{\sqrt{2}}\begin{bmatrix} 1 \\ 0 \\ 1 \end{bmatrix} + \dfrac{2}{\sqrt{6}}\dfrac{1}{\sqrt{6}}\begin{bmatrix} 1 \\ 2 \\ -1 \end{bmatrix} = \dfrac{1}{3}\begin{bmatrix} 1 \\ -1 \\ -1 \end{bmatrix}$

より $\boldsymbol{w}_3 = \dfrac{1}{\|\boldsymbol{v}_3'\|}\boldsymbol{v}_3' = \dfrac{\sqrt{3}}{3}\begin{bmatrix} 1 \\ -1 \\ -1 \end{bmatrix}$ を得る．

確認 $(\boldsymbol{w}_1, \boldsymbol{w}_1) = \dfrac{1}{2} + 0 + \dfrac{1}{2} = 1$, $(\boldsymbol{w}_2, \boldsymbol{w}_2) = \dfrac{1}{6} + \dfrac{4}{6} + \dfrac{1}{6} = 1$, $(\boldsymbol{w}_3, \boldsymbol{w}_3) = \dfrac{1}{3} + \dfrac{1}{3} + \dfrac{1}{3} = 1$,

$(\boldsymbol{w}_1, \boldsymbol{w}_2) = \dfrac{1}{\sqrt{2}\sqrt{6}} + 0 - \dfrac{1}{\sqrt{2}\sqrt{6}} = 0$,　$(\boldsymbol{w}_2, \boldsymbol{w}_3) = \dfrac{1}{3\sqrt{6}} - \dfrac{2}{3\sqrt{6}} + \dfrac{1}{3\sqrt{6}} = 0$,

$(\boldsymbol{w}_3, \boldsymbol{w}_1) = \dfrac{1}{3\sqrt{2}} + 0 - \dfrac{1}{3\sqrt{2}} = 0$.

問題 12.4

1. 次の空間ベクトル $\boldsymbol{v}_1$, $\boldsymbol{v}_2$, $\boldsymbol{v}_3$ が $\mathbb{R}^3$ の基底であることを示し，シュミットの直交化法を適用して正規直交基底 $\boldsymbol{w}_1$, $\boldsymbol{w}_2$, $\boldsymbol{w}_3$ をつくれ．

(1) $\boldsymbol{v}_1 = \begin{bmatrix} 9 \\ 0 \\ 0 \end{bmatrix}$, $\boldsymbol{v}_2 = \begin{bmatrix} 5 \\ 5 \\ 5 \end{bmatrix}$, $\boldsymbol{v}_3 = \begin{bmatrix} 4 \\ 4 \\ -2 \end{bmatrix}$　(2) $\boldsymbol{v}_1 = \begin{bmatrix} 1 \\ 2 \\ 2 \end{bmatrix}$, $\boldsymbol{v}_2 = \begin{bmatrix} -1 \\ 1 \\ 4 \end{bmatrix}$, $\boldsymbol{v}_3 = \begin{bmatrix} 1 \\ -2 \\ 3 \end{bmatrix}$

(3) $\boldsymbol{v}_1 = \begin{bmatrix} 1 \\ 2 \\ 1 \end{bmatrix}$, $\boldsymbol{v}_2 = \begin{bmatrix} 1 \\ 0 \\ 1 \end{bmatrix}$, $\boldsymbol{v}_3 = \begin{bmatrix} 1 \\ 1 \\ -1 \end{bmatrix}$

問題の解答

問題 1.1

1. (1) $\begin{bmatrix} 2 \\ -4 \end{bmatrix}$　(2) $\begin{bmatrix} -4 \\ 3 \end{bmatrix}$　(3) $\begin{bmatrix} 9 \\ -8 \end{bmatrix}$

2. (1) $\begin{bmatrix} 3 \\ 4 \end{bmatrix}$　(2) $\begin{bmatrix} 0 \\ 5 \end{bmatrix}$

3. (1) $x = 1, y = 3$　(2) $x = 1, y = 2$

4. $\boldsymbol{u} = \dfrac{5}{2}\boldsymbol{v} + \dfrac{3}{2}\boldsymbol{w}$

5. (1) $\|\boldsymbol{v}\| = 1$, $\|\boldsymbol{w}\| = 2$, $(\boldsymbol{v}, \boldsymbol{w}) = 1$, $\theta = \dfrac{\pi}{3}$

   (2) $\|\boldsymbol{v}\| = \sqrt{2}$, $\|\boldsymbol{w}\| = \sqrt{2}$, $(\boldsymbol{v}, \boldsymbol{w}) = 0$, $\theta = \dfrac{\pi}{2}$

   (3) $\|\boldsymbol{v}\| = \sqrt{5}$, $\|\boldsymbol{w}\| = \sqrt{5}$, $(\boldsymbol{v}, \boldsymbol{w}) = -5$, $\theta = \pi$

   (4) $\|\boldsymbol{v}\| = \sqrt{2}$, $\|\boldsymbol{w}\| = 2$, $(\boldsymbol{v}, \boldsymbol{w}) = 2\sqrt{2}$, $\theta = 0$

6. $\boldsymbol{x} = \begin{bmatrix} 1 \\ 2 \end{bmatrix}, \begin{bmatrix} 2 \\ -1 \end{bmatrix}$

7. $\boldsymbol{x} = \begin{bmatrix} 4/5 \\ -3/5 \end{bmatrix}, \begin{bmatrix} -4/5 \\ 3/5 \end{bmatrix}$

問題 2.1

1. A: 2×3 型，$a_{12} = -2, a_{21} = -1$,　　B: 3×2 型，$b_{12} = 4, b_{21} = -2$

2. ${}^tA = \begin{bmatrix} 1 & -1 \\ -2 & 0 \\ \sqrt{3} & 4 \end{bmatrix}$, ${}^tB = \begin{bmatrix} 0 & -2 & \sqrt{2} \\ 4 & 3 & -2 \end{bmatrix}$

3. $x = 1, y = 2$

4. (1) $\begin{bmatrix} 5 & 0 \\ 2 & 7 \end{bmatrix}$　(2) $\begin{bmatrix} -3 & 4 \\ -4 & 1 \end{bmatrix}$　(3) $\begin{bmatrix} -2 & 6 \\ -5 & 5 \end{bmatrix}$　(4) $\begin{bmatrix} 5 & -3 \\ 5 & 7 \end{bmatrix}$　(5) $\begin{bmatrix} -2 & 1 \\ 0 & 5 \end{bmatrix}$

   (6) $\begin{bmatrix} 10 & 4 \\ 8 & 14 \end{bmatrix}$　(7) $\begin{bmatrix} 6 & 0 \\ 0 & 18 \end{bmatrix}$　(8) $\begin{bmatrix} 1 & -5 \\ 20 & 8 \end{bmatrix}$　(9) $\begin{bmatrix} -1 & 10 \\ -5 & 14 \end{bmatrix}$　(10) $\begin{bmatrix} -11 & 38 \\ -19 & 46 \end{bmatrix}$

5. (1) $\begin{bmatrix} 2 & -6 \\ 5 & -5 \end{bmatrix}$　(2) $\begin{bmatrix} 6 & 2 \\ 1 & 11 \end{bmatrix}$

6. $\boldsymbol{x} = \begin{bmatrix} 2 \\ -1 \end{bmatrix}$

7. ${}^t(AB) = {}^tB\,{}^tA = \begin{bmatrix} 9 & 23 \\ 11 & 25 \end{bmatrix}$

8. $AB = BA = \begin{bmatrix} 0 & -4 \\ 4 & 0 \end{bmatrix}$

問題 2.2

1. (1) 10　(2) -2　(3) 9　(4) -4　(5) $\dfrac{2}{3}$　(6) $\lambda^2 - 3\lambda + 2$　(7) 1

2. (1) $|A| = 1 \neq 0$ より正則で $A^{-1} = \begin{bmatrix} 1 & 0 \\ 0 & 1 \end{bmatrix}$　(2) $|A| = -1 \neq 0$ より正則で $A^{-1} = \begin{bmatrix} -3 & 2 \\ 2 & -1 \end{bmatrix}$

   (3) $|A| = -1 \neq 0$ より正則で $A^{-1} = \begin{bmatrix} 1 & 0 \\ 0 & -1 \end{bmatrix}$　(4) $|A| = 4 \neq 0$ より正則で $A^{-1} = \dfrac{1}{4}\begin{bmatrix} -7 & 6 \\ -3 & 2 \end{bmatrix}$

   (5) $|A| = 0$ より正則でない　(6) $|A| = 4 \neq 0$ より正則で $A^{-1} = \dfrac{1}{4}\begin{bmatrix} \sqrt{3} & 1 \\ -1 & \sqrt{3} \end{bmatrix}$

   (7) $|A| = 3 \neq 0$ より正則で $A^{-1} = \dfrac{1}{3}\begin{bmatrix} 4 & -\sqrt{5} \\ -\sqrt{5} & 2 \end{bmatrix}$　(8) $|A| = 0$ より正則でない

3. (1) $\begin{bmatrix} 1 & 1 \\ 1 & 2 \end{bmatrix}$　(2) $\dfrac{1}{3}\begin{bmatrix} 1 & 2 \\ 1 & -1 \end{bmatrix}$　(3) $\dfrac{1}{3}\begin{bmatrix} 3 & 5 \\ 0 & -1 \end{bmatrix}$　(4) $\begin{bmatrix} 1 & 1 \\ 1 & 2 \end{bmatrix}$　(5) $\dfrac{1}{3}\begin{bmatrix} 1 & 1 \\ 2 & -1 \end{bmatrix}$　(6) $\dfrac{1}{3}\begin{bmatrix} 3 & 0 \\ 5 & -1 \end{bmatrix}$

4. $X = \begin{bmatrix} -2 & -8 \\ 2 & 4 \end{bmatrix}$

問題 3.1

1. (1) $Q'(-1,0)$ (2) $Q'(3,-1)$

2. (1) $A=\begin{bmatrix} \frac{1}{\sqrt{2}} & -\frac{1}{\sqrt{2}} \\ \frac{1}{\sqrt{2}} & \frac{1}{\sqrt{2}} \end{bmatrix}$ (2) $A=\begin{bmatrix} \frac{1}{2} & \frac{\sqrt{3}}{2} \\ -\frac{\sqrt{3}}{2} & \frac{1}{2} \end{bmatrix}$ (3) $A=\begin{bmatrix} -\frac{1}{2} & -\frac{\sqrt{3}}{2} \\ \frac{\sqrt{3}}{2} & -\frac{1}{2} \end{bmatrix}$ (4) $A=\begin{bmatrix} -\frac{1}{\sqrt{2}} & -\frac{1}{\sqrt{2}} \\ \frac{1}{\sqrt{2}} & -\frac{1}{\sqrt{2}} \end{bmatrix}$

3. (1) $-\frac{\pi}{6}$ (2) $\frac{5}{6}\pi$ (3) $-\frac{3}{4}\pi$

4. (1) $\begin{bmatrix} \frac{1}{2} & -\frac{\sqrt{3}}{2} \\ -\frac{\sqrt{3}}{2} & -\frac{1}{2} \end{bmatrix}$ (2) $\begin{bmatrix} \frac{1}{2} & \frac{\sqrt{3}}{2} \\ \frac{\sqrt{3}}{2} & -\frac{1}{2} \end{bmatrix}$

問題 3.2

1. (1) $Q'(3,2)$, $C' : 4x^2-10xy+7y^2=4$ (2) $Q'(-1,-2)$, $C' : 15x^2-18xy+5y^2=1$

(3) $Q'(2,1)$, $C' : 13x^2-20xy+8y^2=4$ (4) $Q'(0,2)$, $C' : x^2+2\sqrt{3}xy-y^2=2$

2. $Q'(-1,\sqrt{3})$

3. $C' : 3x^2-2xy+3y^2=2$

問題 4.1

1. (1) ± 3 (2) 7, -4 (3) -1（重解） (4) 2, -4 (5) $7\pm\sqrt{7}$ (6) 2（重解） (7) $2\pm\sqrt{5}$ (8) $\frac{3\pm\sqrt{37}}{2}$

2. (1) $a\begin{bmatrix} 1 \\ 1 \end{bmatrix}$ $(a\neq 0)$ (2) $a\begin{bmatrix} \sqrt{3} \\ -1 \end{bmatrix}$ $(a\neq 0)$

3. 各問順に固有値と，それらに対応する固有ベクトル．いずれも $a,b\neq 0$.

(1) 3, -3, $a\begin{bmatrix} 1 \\ 1 \end{bmatrix}$, $b\begin{bmatrix} 1 \\ -1 \end{bmatrix}$ (2) 7, -4, $a\begin{bmatrix} 5 \\ 6 \end{bmatrix}$, $b\begin{bmatrix} 1 \\ -1 \end{bmatrix}$ (3) 2, -4, $a\begin{bmatrix} \sqrt{5} \\ 1 \end{bmatrix}$, $b\begin{bmatrix} 1 \\ -\sqrt{5} \end{bmatrix}$

(4) -1, -2, $a\begin{bmatrix} 1 \\ 1 \end{bmatrix}$, $b\begin{bmatrix} 2 \\ 3 \end{bmatrix}$ (5) 5, -2, $a\begin{bmatrix} 3 \\ 4 \end{bmatrix}$, $b\begin{bmatrix} 1 \\ -1 \end{bmatrix}$ (6) 8, 2, $a\begin{bmatrix} 1 \\ 1 \end{bmatrix}$, $b\begin{bmatrix} 1 \\ -1 \end{bmatrix}$

(7) 3, -2, $a\begin{bmatrix} 2 \\ -1 \end{bmatrix}$, $b\begin{bmatrix} 1 \\ 0 \end{bmatrix}$ (8) 3, -1, $a\begin{bmatrix} 1 \\ \sqrt{3} \end{bmatrix}$, $b\begin{bmatrix} \sqrt{3} \\ -1 \end{bmatrix}$

問題 4.2

1. 各問順に固有値と，それらに対応する固有ベクトル（いずれも $a,b\neq 0$），P, $P^{-1}AP$.

(1) $1,-1$ $a\begin{bmatrix} 1 \\ -2 \end{bmatrix}$, $b\begin{bmatrix} 0 \\ 1 \end{bmatrix}$ $\begin{bmatrix} 1 & 0 \\ -2 & 1 \end{bmatrix}$ $\begin{bmatrix} 1 & 0 \\ 0 & -1 \end{bmatrix}$ (2) $3,-1$ $a\begin{bmatrix} 1 \\ 1 \end{bmatrix}$, $b\begin{bmatrix} 1 \\ -3 \end{bmatrix}$ $\begin{bmatrix} 1 & 1 \\ 1 & -3 \end{bmatrix}$ $\begin{bmatrix} 3 & 0 \\ 0 & -1 \end{bmatrix}$

(3) 3, 2 $a\begin{bmatrix} 1 \\ 1 \end{bmatrix}$, $b\begin{bmatrix} 2 \\ 1 \end{bmatrix}$ $\begin{bmatrix} 1 & 2 \\ 1 & 1 \end{bmatrix}$ $\begin{bmatrix} 3 & 0 \\ 0 & 2 \end{bmatrix}$ (4) 5, 2 $a\begin{bmatrix} 1 \\ 1 \end{bmatrix}$, $b\begin{bmatrix} 2 \\ -1 \end{bmatrix}$ $\begin{bmatrix} 1 & 2 \\ 1 & -1 \end{bmatrix}$ $\begin{bmatrix} 5 & 0 \\ 0 & 2 \end{bmatrix}$

(5) 5, 0 $a\begin{bmatrix} 1 \\ 2 \end{bmatrix}$, $b\begin{bmatrix} 2 \\ -1 \end{bmatrix}$ $\begin{bmatrix} 1 & 2 \\ 2 & -1 \end{bmatrix}$ $\begin{bmatrix} 5 & 0 \\ 0 & 0 \end{bmatrix}$ (6) $2,-4$ $a\begin{bmatrix} 1 \\ 1 \end{bmatrix}$, $b\begin{bmatrix} 5 \\ -1 \end{bmatrix}$ $\begin{bmatrix} 1 & 5 \\ 1 & -1 \end{bmatrix}$ $\begin{bmatrix} 2 & 0 \\ 0 & -4 \end{bmatrix}$

(7) $3,-2$ $a\begin{bmatrix} 2 \\ 1 \end{bmatrix}$, $b\begin{bmatrix} 1 \\ 3 \end{bmatrix}$ $\begin{bmatrix} 2 & 1 \\ 1 & 3 \end{bmatrix}$ $\begin{bmatrix} 3 & 0 \\ 0 & -2 \end{bmatrix}$ (8) $-1,-4$ $a\begin{bmatrix} 2 \\ 1 \end{bmatrix}$, $b\begin{bmatrix} 1 \\ 1 \end{bmatrix}$ $\begin{bmatrix} 2 & 1 \\ 1 & 1 \end{bmatrix}$ $\begin{bmatrix} -1 & 0 \\ 0 & -4 \end{bmatrix}$

問題 4.3

1. (1) $\begin{bmatrix} 2-2^n & 2^{n+1}-2 \\ 1-2^n & 2^{n+1}-1 \end{bmatrix}$　(2) $\begin{bmatrix} 3^n & 0 \\ -2\cdot 3^n+2(-1)^n & (-1)^n \end{bmatrix}$

(3) $\dfrac{1}{4}\begin{bmatrix} 3\cdot 6^n+2^n & \sqrt{3}(6^n-2^n) \\ \sqrt{3}(6^n-2^n) & 6^n+3\cdot 2^n \end{bmatrix}$　(4) $\dfrac{1}{5}\begin{bmatrix} 4\cdot 6^n+1 & 2\cdot 6^n-2 \\ 2\cdot 6^n-2 & 6^n+4 \end{bmatrix}$

問題 4.4

1. $a_n = 3\cdot 5^{n-1} - 2\cdot 3^{n-1}$,　$b_n = 3\cdot 5^{n-1} - 3^{n-1}$

2. (1) $a_n = 3\cdot 5^{n-1} - 4\cdot 3^{n-1}$　(2) $a_n = \dfrac{2^n + (-1)^{n-1}}{3}$

3. $a_n = \begin{cases} 1 & (n=1) \\ 3\cdot 4^{n-2} & (n \geqq 2) \end{cases}$,　$b_n = \begin{cases} 1 & (n=1) \\ 2\cdot 4^{n-2} & (n \geqq 2) \end{cases}$

問題 5.1

1. (1) 直交行列　(2) 直交行列でない　(3) 直交行列

2. 各問順に固有値と，それらに対応する固有ベクトル（いずれも $a, b \neq 0$），P, ${}^tPAP$.

(1) $1, -1$　$a\begin{bmatrix} 1 \\ 1 \end{bmatrix}$, $b\begin{bmatrix} 1 \\ -1 \end{bmatrix}$　$\dfrac{1}{\sqrt{2}}\begin{bmatrix} 1 & 1 \\ 1 & -1 \end{bmatrix}$　$\begin{bmatrix} 1 & 0 \\ 0 & -1 \end{bmatrix}$　(2) $2, -3$　$a\begin{bmatrix} 2 \\ 1 \end{bmatrix}$, $b\begin{bmatrix} 1 \\ -2 \end{bmatrix}$　$\dfrac{1}{\sqrt{5}}\begin{bmatrix} 2 & 1 \\ 1 & -2 \end{bmatrix}$　$\begin{bmatrix} 2 & 0 \\ 0 & -3 \end{bmatrix}$

(3) $6,\ 2$　$a\begin{bmatrix} 1 \\ \sqrt{3} \end{bmatrix}$, $b\begin{bmatrix} \sqrt{3} \\ -1 \end{bmatrix}$　$\dfrac{1}{2}\begin{bmatrix} 1 & \sqrt{3} \\ \sqrt{3} & -1 \end{bmatrix}$　$\begin{bmatrix} 6 & 0 \\ 0 & 2 \end{bmatrix}$　(4) $8, -4$　$a\begin{bmatrix} \sqrt{3} \\ 1 \end{bmatrix}$, $b\begin{bmatrix} 1 \\ -\sqrt{3} \end{bmatrix}$　$\dfrac{1}{2}\begin{bmatrix} \sqrt{3} & 1 \\ 1 & -\sqrt{3} \end{bmatrix}$　$\begin{bmatrix} 8 & 0 \\ 0 & -4 \end{bmatrix}$

(5) $5,\ 0$　$a\begin{bmatrix} 2 \\ 1 \end{bmatrix}$, $b\begin{bmatrix} 1 \\ -2 \end{bmatrix}$　$\dfrac{1}{\sqrt{5}}\begin{bmatrix} 2 & 1 \\ 1 & -2 \end{bmatrix}$　$\begin{bmatrix} 5 & 0 \\ 0 & 0 \end{bmatrix}$　(6) $3,\ 1$　$a\begin{bmatrix} 1 \\ 1 \end{bmatrix}$, $b\begin{bmatrix} 1 \\ -1 \end{bmatrix}$　$\dfrac{1}{\sqrt{2}}\begin{bmatrix} 1 & 1 \\ 1 & -1 \end{bmatrix}$　$\begin{bmatrix} 3 & 0 \\ 0 & 1 \end{bmatrix}$

(7) $2, -2$　$a\begin{bmatrix} \sqrt{3} \\ 1 \end{bmatrix}$, $b\begin{bmatrix} 1 \\ -\sqrt{3} \end{bmatrix}$　$\dfrac{1}{2}\begin{bmatrix} \sqrt{3} & 1 \\ 1 & -\sqrt{3} \end{bmatrix}$　$\begin{bmatrix} 2 & 0 \\ 0 & -2 \end{bmatrix}$　(8) $14,\ 7$　$a\begin{bmatrix} \sqrt{3} \\ -2 \end{bmatrix}$, $b\begin{bmatrix} 2 \\ \sqrt{3} \end{bmatrix}$　$\dfrac{1}{\sqrt{7}}\begin{bmatrix} \sqrt{3} & 2 \\ -2 & \sqrt{3} \end{bmatrix}$　$\begin{bmatrix} 14 & 0 \\ 0 & 7 \end{bmatrix}$

問題 5.2

1. (1) $A = \begin{bmatrix} 3 & 1 \\ 1 & 3 \end{bmatrix}$　(2) $A = \begin{bmatrix} 2 & \sqrt{3} \\ \sqrt{3} & 0 \end{bmatrix}$　(3) $A = \begin{bmatrix} 2 & \sqrt{3} \\ \sqrt{3} & 4 \end{bmatrix}$　(4) $A = \begin{bmatrix} 0 & 1 \\ 1 & 0 \end{bmatrix}$

(1) $P = \dfrac{1}{\sqrt{2}}\begin{bmatrix} 1 & -1 \\ 1 & 1 \end{bmatrix}$, $F(x,y) = 4X^2 + 2Y^2$, $x^2 + \dfrac{y^2}{2} = 1$ を原点 O のまわりに $\dfrac{\pi}{4}$ だけ回転させた楕円.

(2) $P = \dfrac{1}{2}\begin{bmatrix} \sqrt{3} & -1 \\ 1 & \sqrt{3} \end{bmatrix}$, $F(x,y) = 3X^2 - Y^2$, $x^2 - \dfrac{y^2}{3} = 1$ を原点 O のまわりに $\dfrac{\pi}{6}$ だけ回転させた双曲線.

(3) $P = \dfrac{1}{2}\begin{bmatrix} 1 & -\sqrt{3} \\ \sqrt{3} & 1 \end{bmatrix}$, $F(x,y) = 5X^2 + Y^2$, $x^2 + \dfrac{y^2}{5} = 1$ を原点 O のまわりに $\dfrac{\pi}{3}$ だけ回転させた楕円.

(4) $P = \dfrac{1}{\sqrt{2}}\begin{bmatrix} 1 & -1 \\ 1 & 1 \end{bmatrix}$, $F(x,y) = X^2 - Y^2$, $x^2 - y^2 = 1$ を原点 O のまわりに $\dfrac{\pi}{4}$ だけ回転させた双曲線.

問題 6.1

1. (1) $\|\boldsymbol{a}\| = \sqrt{14}$, $\|\boldsymbol{b}\| = \sqrt{14}$, $(\boldsymbol{a}, \boldsymbol{b}) = 7$, $\theta = \dfrac{\pi}{3}$　(2) $\|\boldsymbol{a}\| = 2$, $\|\boldsymbol{b}\| = 2\sqrt{3}$, $(\boldsymbol{a}, \boldsymbol{b}) = 6$, $\theta = \dfrac{\pi}{6}$

2. (1) $\begin{bmatrix} -1 \\ 1 \\ 1 \end{bmatrix}$　(2) $\begin{bmatrix} 5 \\ \sqrt{2} \\ -4 \end{bmatrix}$　(3) $\begin{bmatrix} 11 \\ 5 \\ -7 \end{bmatrix}$　3. $\dfrac{\sqrt{5}}{2}$

問題 6.2

1. (1) 12　(2) 4　(3) 1　　2. (1) $x=3,\ 2,\ 1$　(2) $x=3,\ 2,\ 0$　(3) $x=-1,\ \dfrac{3\pm\sqrt{33}}{2}$

問題 6.3

1. (1) $x=7,\ y=-1$　(2) $x=\dfrac{11}{5},\ y=\dfrac{1}{5}$　(3) $x=-21,\ y=40$

　(4) $x=1,\ y=1,\ z=0$　(5) $x=7,\ y=-2,\ z=5$　(6) $x=-\dfrac{1}{2},\ y=3,\ z=5$

問題 7.1

1. (1) $\begin{bmatrix}4&-1&8\\1&0&3\end{bmatrix}$　(2) 計算できない　(3) 計算できない　(4) $\begin{bmatrix}4&1\\-1&0\\8&3\end{bmatrix}$

2. (1) 計算できない　(2) 10　(3) $\begin{bmatrix}4&2&2&6\\0&0&0&0\\6&3&3&9\\2&1&1&3\end{bmatrix}$

3. (1) $\begin{bmatrix}0&4&1\\1&-7&-1\\-19&5&8\end{bmatrix}$　(2) $\begin{bmatrix}1&1&0\\-5&3&2\\-14&16&-3\end{bmatrix}$　(3) $\begin{bmatrix}-2&-2&6\\4&6&-13\\-18&16&1\end{bmatrix}$　(4) $\begin{bmatrix}-7\\15\\-4\end{bmatrix}$

4. 略

問題 8.1

1. 解を持つ場合は，各問順に解の自由度と解．

　(1) 1, $x=0,\ y=a,\ z=0$　(2) 解を持たない　(3) 1, $x=1,\ y=a,\ z=2$.

　(4) 1, $x=-a,\ y=-2a,\ z=a,\ u=0$　(5) 1, $x=2-a,\ y=3-2a,\ z=a,\ u=0$

　(6) 2, $x=-2a-b,\ y=a,\ z=-2b,\ u=b$　(7) 2, $x=3-2a-b,\ y=a,\ z=4-2b,\ u=b$

　(8) 1, $x=2a,\ y=3a,\ z=-5a$　(9) 1, $x=4+2a,\ y=1+3a,\ z=-5a$

問題 8.2

1. (1) $\begin{bmatrix}1&0&2\\0&1&3\end{bmatrix}$　(2) $\begin{bmatrix}1&0&3\\0&1&1\end{bmatrix}$　(3) $\begin{bmatrix}1&0&-2\\0&1&5\end{bmatrix}$　(4) $\begin{bmatrix}1&0&7\\0&1&-2\end{bmatrix}$　(5) $\begin{bmatrix}1&0&1\\0&1&0\end{bmatrix}$

2. 階数は (1) 3　(2) 2　(3) 2　(4) 3　(5) 2　(6) 2　(7) 4　(8) 3　(9) 4

　(1) $\begin{bmatrix}1&0&0\\0&1&0\\0&0&1\end{bmatrix}$　(2) $\begin{bmatrix}1&0&2\\0&1&1\\0&0&0\end{bmatrix}$　(3) $\begin{bmatrix}1&0&1\\0&1&-1\\0&0&0\end{bmatrix}$　(4) $\begin{bmatrix}1&0&0\\0&1&0\\0&0&1\end{bmatrix}$　(5) $\begin{bmatrix}1&2&0\\0&0&1\\0&0&0\end{bmatrix}$

　(6) $\begin{bmatrix}1&1/2&0&1/3\\0&0&1&-2/3\\0&0&0&0\end{bmatrix}$　(7) $\begin{bmatrix}1&0&0&0\\0&1&0&0\\0&0&1&0\\0&0&0&1\end{bmatrix}$　(8) $\begin{bmatrix}1&0&0&0\\0&1&0&1\\0&0&1&0\\0&0&0&0\end{bmatrix}$　(9) $\begin{bmatrix}1&2&0&0&0\\0&0&1&0&0\\0&0&0&1&0\\0&0&0&0&1\end{bmatrix}$

3. 略

問題 8.3

1. 解を持つ場合は，各問順に解の自由度と解．

　(1) 0, $x=1,\ y=0,\ z=0$　(2) 1, $x=4-3a,\ y=a,\ z=-2$　(3) 解を持たない

　(4) 1, $x=4a-3,\ y=-5a+4,\ z=2a$　(5) 2, $x=3-2a+b,\ y=a,\ z=2-b,\ u=b$

　(6) 2, $x=1-2a+b,\ y=-2+a-2b,\ z=a,\ u=3b$

問題 8.4

1. 解を持つ場合は，各問順に解の自由度と解.

(1) 0, $x=0$, $y=0$, $z=0$　(2) 1, $x=-10a$, $y=-7a$, $z=a$　(3) 1, $x=a$, $y=-2a$, $z=0$

2. 解を持つ場合は，各問順に解の自由度と解.

(1) 1, $x=a$, $y=-a$, $z=a$　(2) 2, $x=a-b$, $y=a$, $z=b$　(3) 1, $x=3a$, $y=-2a$, $z=-4a$

問題 8.5

1. (1) $\begin{bmatrix} -4 & 3 & -1 \\ -2 & 1 & 0 \\ 3 & -2 & 1 \end{bmatrix}$　(2) $\dfrac{1}{2}\begin{bmatrix} 1 & 1 & -1 \\ 2 & 0 & 2 \\ 2 & -2 & 4 \end{bmatrix}$　(3) $\dfrac{1}{11}\begin{bmatrix} -7 & -2 & 5 \\ 4 & 9 & -6 \\ 8 & -4 & -1 \end{bmatrix}$

(4) $\begin{bmatrix} -5 & -7 & -6 & 5 \\ 4 & 0 & -2 & 1 \\ -5 & -1 & 1 & 0 \\ 3 & 2 & 1 & -1 \end{bmatrix}$　(5) $\begin{bmatrix} 8 & -3 & -7 & -1 \\ 0 & 1 & 1 & 0 \\ -11 & 1 & 7 & 1 \\ 2 & 0 & -1 & 0 \end{bmatrix}$　(6) 正則でない

(7) $\begin{bmatrix} 16 & -3 & -2 & -5 \\ 5 & -1 & -1 & -1 \\ -11 & 2 & 2 & 3 \\ -8 & 2 & 1 & 2 \end{bmatrix}$　(8) $\begin{bmatrix} 2 & 0 & 1 & -1 \\ -2 & -2 & 2 & -1 \\ 6 & 5 & -3 & 1 \\ -3 & -2 & 1 & 0 \end{bmatrix}$　(9) $\dfrac{1}{4}\begin{bmatrix} 0 & 1 & 3 & -1 \\ -6 & -1 & 1 & 3 \\ 6 & -1 & -3 & -1 \\ -2 & 3 & 1 & -1 \end{bmatrix}$

問題 9.1

1. (1) 6　(2) −14

2. (1) 6　(2) −27　(3) 0　(4) 12　(5) 0　(6) −11　(7) 4　(8) 36　(9) 84

問題 9.2

1. (1) 8　(2) 0　(3) −2　(4) 0　(5) 28　(6) 48

2. (1) 1, −1, 0　(2) 2, 1, −1　(3) 2, 1, −1

問題 9.3

1. (1) $|A|=-13$ より正則.　$\widetilde{A}=\begin{bmatrix} 1 & -3 \\ -5 & 2 \end{bmatrix}$　$A^{-1}=-\dfrac{1}{13}\begin{bmatrix} 1 & -3 \\ -5 & 2 \end{bmatrix}$

(2) $|A|=6$ より正則.　$\widetilde{A}=\begin{bmatrix} 6 & 0 & 0 \\ -6 & 3 & 0 \\ 0 & -3 & 2 \end{bmatrix}$　$A^{-1}=\dfrac{1}{6}\begin{bmatrix} 6 & 0 & 0 \\ -6 & 3 & 0 \\ 0 & -3 & 2 \end{bmatrix}$

(3) $|A|=-1$ より正則.　$\widetilde{A}=\begin{bmatrix} -1 & 2 & -1 \\ -1 & 2 & -2 \\ 0 & -1 & 0 \end{bmatrix}$　$A^{-1}=\begin{bmatrix} 1 & -2 & 1 \\ 1 & -2 & 2 \\ 0 & 1 & 0 \end{bmatrix}$

(4) $|A|=0$ より正則ではない.

(5) $|A|=4$ より正則.　$\widetilde{A}=\begin{bmatrix} -8 & 0 & 12 \\ 6 & -2 & -12 \\ -6 & 0 & 10 \end{bmatrix}$　$A^{-1}=\dfrac{1}{2}\begin{bmatrix} -4 & 0 & 6 \\ 3 & -1 & -6 \\ -3 & 0 & 5 \end{bmatrix}$

(6) $|A|=-3$ より正則.　$\widetilde{A}=\begin{bmatrix} -1 & -1 & -1 \\ 0 & 3 & -3 \\ 2 & -1 & 2 \end{bmatrix}$　$A^{-1}=\dfrac{1}{3}\begin{bmatrix} 1 & 1 & 1 \\ 0 & -3 & 3 \\ -2 & 1 & -2 \end{bmatrix}$

(7) $|A|=0$ より正則ではない.

(8) $|A|=1$ より正則.　$\widetilde{A}=\begin{bmatrix} -4 & 3 & -1 \\ -2 & 1 & 0 \\ 3 & -2 & 1 \end{bmatrix}$　$A^{-1}=\begin{bmatrix} -4 & 3 & -1 \\ -2 & 1 & 0 \\ 3 & -2 & 1 \end{bmatrix}$

(9) $|A|=2$ より正則.　$\widetilde{A}=\begin{bmatrix} -6 & -4 & 4 \\ 4 & 1 & -5 \\ -4 & -2 & 4 \end{bmatrix}$　$A^{-1}=\dfrac{1}{2}\begin{bmatrix} -6 & -4 & 4 \\ 4 & 1 & -5 \\ -4 & -2 & 4 \end{bmatrix}$

問題 10.1

1. 各問順に固有値と，それらに対応する固有ベクトル（いずれも $a, b, c \neq 0$），P，$P^{-1}AP$．

(1) 3, 2, 1 $\quad a\begin{bmatrix}0\\-1\\1\end{bmatrix},\ b\begin{bmatrix}0\\1\\0\end{bmatrix},\ c\begin{bmatrix}1\\2\\-1\end{bmatrix}\quad \begin{bmatrix}0&0&1\\-1&1&2\\1&0&-1\end{bmatrix}\quad \begin{bmatrix}3&0&0\\0&2&0\\0&0&1\end{bmatrix}$

(2) 2, 1, −1 $\quad a\begin{bmatrix}6\\3\\-1\end{bmatrix},\ b\begin{bmatrix}1\\0\\-1\end{bmatrix},\ c\begin{bmatrix}0\\0\\1\end{bmatrix}\quad \begin{bmatrix}6&1&0\\3&0&0\\-1&-1&1\end{bmatrix}\quad \begin{bmatrix}2&0&0\\0&1&0\\0&0&-1\end{bmatrix}$

(3) 3, 0, −1 $\quad a\begin{bmatrix}3\\1\\4\end{bmatrix},\ b\begin{bmatrix}3\\-1\\-1\end{bmatrix},\ c\begin{bmatrix}1\\-1\\0\end{bmatrix}\quad \begin{bmatrix}3&3&1\\1&-1&-1\\4&-1&0\end{bmatrix}\quad \begin{bmatrix}3&0&0\\0&0&0\\0&0&-1\end{bmatrix}$

(4) 0, −1, −2 $\quad a\begin{bmatrix}1\\2\\3\end{bmatrix},\ b\begin{bmatrix}0\\1\\2\end{bmatrix},\ c\begin{bmatrix}1\\-2\\-4\end{bmatrix}\quad \begin{bmatrix}1&0&1\\2&1&-2\\3&2&-4\end{bmatrix}\quad \begin{bmatrix}0&0&0\\0&-1&0\\0&0&-2\end{bmatrix}$

(5) 1, 0, −1 $\quad a\begin{bmatrix}1\\-1\\3\end{bmatrix},\ b\begin{bmatrix}1\\-2\\4\end{bmatrix},\ c\begin{bmatrix}1\\-1\\2\end{bmatrix}\quad \begin{bmatrix}1&1&1\\-1&-2&-1\\3&4&2\end{bmatrix}\quad \begin{bmatrix}1&0&0\\0&0&0\\0&0&-1\end{bmatrix}$

(6) 3, 1, −3 $\quad a\begin{bmatrix}1\\-2\\-2\end{bmatrix},\ b\begin{bmatrix}1\\0\\-1\end{bmatrix},\ c\begin{bmatrix}2\\-1\\-1\end{bmatrix}\quad \begin{bmatrix}1&1&2\\-2&0&-1\\-2&-1&-1\end{bmatrix}\quad \begin{bmatrix}3&0&0\\0&1&0\\0&0&-3\end{bmatrix}$

(7) 1, −1, −2 $\quad a\begin{bmatrix}1\\-1\\1\end{bmatrix},\ b\begin{bmatrix}2\\-1\\1\end{bmatrix},\ c\begin{bmatrix}4\\-3\\2\end{bmatrix}\quad \begin{bmatrix}1&2&4\\-1&-1&-3\\1&1&2\end{bmatrix}\quad \begin{bmatrix}1&0&0\\0&-1&0\\0&0&-2\end{bmatrix}$

(8) $1+\sqrt{2},\ 2,\ 1-\sqrt{2}$ $\quad a\begin{bmatrix}1/\sqrt{2}\\0\\1\end{bmatrix},\ b\begin{bmatrix}0\\1\\0\end{bmatrix},\ c\begin{bmatrix}1/\sqrt{2}\\0\\-1\end{bmatrix}\quad \begin{bmatrix}1/\sqrt{2}&0&1/\sqrt{2}\\0&1&0\\1&0&-1\end{bmatrix}\quad \begin{bmatrix}1+\sqrt{2}&0&0\\0&2&0\\0&0&1-\sqrt{2}\end{bmatrix}$

問題 10.2

1. 各問順に固有値と，それらに対応する固有ベクトル（いずれも $a \neq 0$ または $b \neq 0$ で，$c \neq 0$），P，$P^{-1}AP$．

(1) 1, 1, 2 $\quad a\begin{bmatrix}2\\1\\0\end{bmatrix}+b\begin{bmatrix}1\\0\\-1\end{bmatrix},\ c\begin{bmatrix}2\\0\\-1\end{bmatrix}\quad \begin{bmatrix}2&1&2\\1&0&0\\0&-1&-1\end{bmatrix}\quad \begin{bmatrix}1&0&0\\0&1&0\\0&0&2\end{bmatrix}$

(2) 2, 2, 3 $\quad a\begin{bmatrix}2\\-1\\0\end{bmatrix}+b\begin{bmatrix}0\\0\\1\end{bmatrix},\ c\begin{bmatrix}3\\-1\\1\end{bmatrix}\quad \begin{bmatrix}2&0&3\\-1&0&-1\\0&1&1\end{bmatrix}\quad \begin{bmatrix}2&0&0\\0&2&0\\0&0&3\end{bmatrix}$

(3) −2, −2, 1 $\quad a\begin{bmatrix}0\\1\\0\end{bmatrix}+b\begin{bmatrix}2\\0\\1\end{bmatrix},\ c\begin{bmatrix}1\\-1\\1\end{bmatrix}\quad \begin{bmatrix}0&2&1\\1&0&-1\\0&1&1\end{bmatrix}\quad \begin{bmatrix}-2&0&0\\0&-2&0\\0&0&1\end{bmatrix}$

(4) −2, −2, 3 $\quad a\begin{bmatrix}1\\1\\0\end{bmatrix}+b\begin{bmatrix}1\\0\\-2\end{bmatrix},\ c\begin{bmatrix}1\\0\\-1\end{bmatrix}\quad \begin{bmatrix}1&1&1\\1&0&0\\0&-2&-1\end{bmatrix}\quad \begin{bmatrix}-2&0&0\\0&-2&0\\0&0&3\end{bmatrix}$

(5) 2, 2, 3 $\quad a\begin{bmatrix}1\\1\\0\end{bmatrix}+b\begin{bmatrix}1\\0\\1\end{bmatrix},\ c\begin{bmatrix}2\\2\\-1\end{bmatrix}\quad \begin{bmatrix}1&1&2\\1&0&2\\0&1&-1\end{bmatrix}\quad \begin{bmatrix}2&0&0\\0&2&0\\0&0&3\end{bmatrix}$

(6) −1, −1, 1 $\quad a\begin{bmatrix}1\\-1\\0\end{bmatrix}+b\begin{bmatrix}1\\0\\1\end{bmatrix},\ c\begin{bmatrix}2\\-1\\-1\end{bmatrix}\quad \begin{bmatrix}1&1&2\\-1&0&-1\\0&1&-1\end{bmatrix}\quad \begin{bmatrix}-1&0&0\\0&-1&0\\0&0&1\end{bmatrix}$

(7) 1, 1, 2 $\quad a\begin{bmatrix}1\\1\\0\end{bmatrix}+b\begin{bmatrix}1\\0\\-1\end{bmatrix},\ c\begin{bmatrix}1\\-2\\-2\end{bmatrix}\quad \begin{bmatrix}1&1&1\\1&0&-2\\0&-1&-2\end{bmatrix}\quad \begin{bmatrix}1&0&0\\0&1&0\\0&0&2\end{bmatrix}$

(8) 1, 1, 3 $\quad a\begin{bmatrix}1\\2\\0\end{bmatrix}+b\begin{bmatrix}1\\0\\2\end{bmatrix},\ c\begin{bmatrix}1\\1\\2\end{bmatrix}\quad \begin{bmatrix}1&1&1\\2&0&1\\0&2&2\end{bmatrix}\quad \begin{bmatrix}1&0&0\\0&1&0\\0&0&3\end{bmatrix}$

(9) −1, −1, 2 $\quad a\begin{bmatrix}2\\1\\0\end{bmatrix}+b\begin{bmatrix}1\\0\\-1\end{bmatrix},\ c\begin{bmatrix}2\\1\\1\end{bmatrix}\quad \begin{bmatrix}2&1&2\\1&0&1\\0&-1&1\end{bmatrix}\quad \begin{bmatrix}-1&0&0\\0&-1&0\\0&0&2\end{bmatrix}$

問題 11.1

1. 各問順に固有値と，それらに対応する固有ベクトル（いずれも $a, b, c \neq 0$），P, ${}^tPAP$.

(1) 3, 2, −1　$a\begin{bmatrix}1\\0\\-1\end{bmatrix},\ b\begin{bmatrix}0\\1\\0\end{bmatrix},\ c\begin{bmatrix}1\\0\\1\end{bmatrix}$　$\frac{1}{\sqrt{2}}\begin{bmatrix}1&0&1\\0&\sqrt{2}&0\\-1&0&1\end{bmatrix}$　$\begin{bmatrix}3&0&0\\0&2&0\\0&0&-1\end{bmatrix}$

(2) 3, 1, −1　$a\begin{bmatrix}0\\1\\1\end{bmatrix},\ b\begin{bmatrix}1\\0\\0\end{bmatrix},\ c\begin{bmatrix}0\\1\\-1\end{bmatrix}$　$\frac{1}{\sqrt{2}}\begin{bmatrix}0&\sqrt{2}&0\\1&0&1\\1&0&-1\end{bmatrix}$　$\begin{bmatrix}3&0&0\\0&1&0\\0&0&-1\end{bmatrix}$

(3) 2, 1, −1　$a\begin{bmatrix}1\\1\\1\end{bmatrix},\ b\begin{bmatrix}0\\-1\\1\end{bmatrix},\ c\begin{bmatrix}2\\-1\\-1\end{bmatrix}$　$\frac{1}{\sqrt{6}}\begin{bmatrix}\sqrt{2}&0&2\\\sqrt{2}&-\sqrt{3}&-1\\\sqrt{2}&\sqrt{3}&-1\end{bmatrix}$　$\begin{bmatrix}2&0&0\\0&1&0\\0&0&-1\end{bmatrix}$

(4) 3, 0, −3　$a\begin{bmatrix}1\\2\\-2\end{bmatrix},\ b\begin{bmatrix}2\\1\\2\end{bmatrix},\ c\begin{bmatrix}2\\-2\\-1\end{bmatrix}$　$\frac{1}{3}\begin{bmatrix}1&2&2\\2&1&-2\\-2&2&-1\end{bmatrix}$　$\begin{bmatrix}3&0&0\\0&0&0\\0&0&-3\end{bmatrix}$

(5) 4, 1, −2　$a\begin{bmatrix}2\\1\\-1\end{bmatrix},\ b\begin{bmatrix}1\\-1\\1\end{bmatrix},\ c\begin{bmatrix}0\\1\\1\end{bmatrix}$　$\frac{1}{\sqrt{6}}\begin{bmatrix}2&\sqrt{2}&0\\1&-\sqrt{2}&\sqrt{3}\\-1&\sqrt{2}&\sqrt{3}\end{bmatrix}$　$\begin{bmatrix}4&0&0\\0&1&0\\0&0&-2\end{bmatrix}$

(6) 3, 2, 0　$a\begin{bmatrix}1\\1\\1\end{bmatrix},\ b\begin{bmatrix}1\\0\\-1\end{bmatrix},\ c\begin{bmatrix}1\\-2\\1\end{bmatrix}$　$\frac{1}{\sqrt{6}}\begin{bmatrix}\sqrt{2}&\sqrt{3}&1\\\sqrt{2}&0&-2\\\sqrt{2}&-\sqrt{3}&1\end{bmatrix}$　$\begin{bmatrix}3&0&0\\0&2&0\\0&0&0\end{bmatrix}$

(7) 5, 2, −1　$a\begin{bmatrix}2\\-2\\-1\end{bmatrix},\ b\begin{bmatrix}2\\1\\2\end{bmatrix},\ c\begin{bmatrix}1\\2\\-2\end{bmatrix}$　$\frac{1}{3}\begin{bmatrix}2&2&1\\-2&1&2\\-1&2&-2\end{bmatrix}$　$\begin{bmatrix}5&0&0\\0&2&0\\0&0&-1\end{bmatrix}$

(8) 3, 1, −2　$a\begin{bmatrix}1\\1\\0\end{bmatrix},\ b\begin{bmatrix}1\\-1\\2\end{bmatrix},\ c\begin{bmatrix}1\\-1\\-1\end{bmatrix}$　$\frac{1}{\sqrt{6}}\begin{bmatrix}\sqrt{3}&1&\sqrt{2}\\\sqrt{3}&-1&-\sqrt{2}\\0&2&-\sqrt{2}\end{bmatrix}$　$\begin{bmatrix}3&0&0\\0&1&0\\0&0&-2\end{bmatrix}$

(9) 4, 1, −1　$a\begin{bmatrix}1\\1\\1\end{bmatrix},\ b\begin{bmatrix}1\\-2\\1\end{bmatrix},\ c\begin{bmatrix}1\\0\\-1\end{bmatrix}$　$\frac{1}{\sqrt{6}}\begin{bmatrix}\sqrt{2}&1&\sqrt{3}\\\sqrt{2}&-2&0\\\sqrt{2}&1&-\sqrt{3}\end{bmatrix}$　$\begin{bmatrix}4&0&0\\0&1&0\\0&0&-1\end{bmatrix}$

問題 11.2

1. 各問順に固有値と，それらに対応する固有ベクトル（いずれも $a \neq 0$ または $b \neq 0$ で，$c \neq 0$），P, ${}^tPAP$.

(1) 1, 1, −1　$a\begin{bmatrix}0\\1\\0\end{bmatrix}+b\begin{bmatrix}1\\0\\1\end{bmatrix},\ c\begin{bmatrix}1\\0\\-1\end{bmatrix}$　$\frac{1}{\sqrt{2}}\begin{bmatrix}0&1&1\\\sqrt{2}&0&0\\0&1&-1\end{bmatrix}$　$\begin{bmatrix}1&0&0\\0&1&0\\0&0&-1\end{bmatrix}$

(2) 3, 3, 0　$a\begin{bmatrix}1\\-1\\0\end{bmatrix}+b\begin{bmatrix}1\\1\\-2\end{bmatrix},\ c\begin{bmatrix}1\\1\\1\end{bmatrix}$　$\frac{1}{\sqrt{6}}\begin{bmatrix}\sqrt{3}&1&\sqrt{2}\\-\sqrt{3}&1&\sqrt{2}\\0&-2&\sqrt{2}\end{bmatrix}$　$\begin{bmatrix}3&0&0\\0&3&0\\0&0&0\end{bmatrix}$

(3) 2, 2, −1　$a\begin{bmatrix}0\\1\\0\end{bmatrix}+b\begin{bmatrix}\sqrt{2}\\0\\1\end{bmatrix},\ c\begin{bmatrix}1\\0\\-\sqrt{2}\end{bmatrix}$　$\frac{1}{\sqrt{3}}\begin{bmatrix}0&\sqrt{2}&1\\\sqrt{3}&0&0\\0&1&-\sqrt{2}\end{bmatrix}$　$\begin{bmatrix}2&0&0\\0&2&0\\0&0&-1\end{bmatrix}$

(4) 2, 2, −1　$a\begin{bmatrix}1\\1\\0\end{bmatrix}+b\begin{bmatrix}1\\-1\\-2\end{bmatrix},\ c\begin{bmatrix}1\\-1\\1\end{bmatrix}$　$\frac{1}{\sqrt{6}}\begin{bmatrix}\sqrt{3}&1&\sqrt{2}\\\sqrt{3}&-1&-\sqrt{2}\\0&-2&\sqrt{2}\end{bmatrix}$　$\begin{bmatrix}2&0&0\\0&2&0\\0&0&-1\end{bmatrix}$

(5) 6, 6, 0　$a\begin{bmatrix}1\\2\\0\end{bmatrix}+b\begin{bmatrix}2\\-1\\5\end{bmatrix},\ c\begin{bmatrix}2\\-1\\-1\end{bmatrix}$　$\frac{1}{\sqrt{30}}\begin{bmatrix}\sqrt{6}&2&2\sqrt{5}\\2\sqrt{6}&-1&-\sqrt{5}\\0&5&-\sqrt{5}\end{bmatrix}$　$\begin{bmatrix}6&0&0\\0&6&0\\0&0&0\end{bmatrix}$

(6) 9, 9, 0　$a\begin{bmatrix}1\\1\\1\end{bmatrix}+b\begin{bmatrix}1\\-2\\1\end{bmatrix},\ c\begin{bmatrix}1\\0\\-3\end{bmatrix}$　$\frac{1}{3\sqrt{5}}\begin{bmatrix}6&-2&\sqrt{5}\\3&4&-2\sqrt{5}\\0&5&2\sqrt{5}\end{bmatrix}$　$\begin{bmatrix}9&0&0\\0&9&0\\0&0&0\end{bmatrix}$

問題 12.1

1. (1) $P=\begin{bmatrix} 1 & 1 \\ -1 & 0 \end{bmatrix}$, $P^{-1}AP=\begin{bmatrix} 3 & 1 \\ 0 & 3 \end{bmatrix}$　(2) $P=\begin{bmatrix} 2 & 1 \\ -1 & 0 \end{bmatrix}$, $P^{-1}AP=\begin{bmatrix} -1 & 1 \\ 0 & -1 \end{bmatrix}$

問題 12.2

1. (1) 正値 (2) 正値でも負値でもない (3) 正値でも負値でもない (4) 負値
   (5) 正値でも負値でもない (6) 負値 (7) 正値 (8) 正値でも負値でもない

問題 12.3

1. (1) 1 次従属　(2) 1 次独立　2. $\boldsymbol{x}=4\boldsymbol{v}-3\boldsymbol{w}+2\boldsymbol{u}$

問題 12.4

1. (1) $\boldsymbol{w}_1=\begin{bmatrix} 1 \\ 0 \\ 0 \end{bmatrix}$, $\boldsymbol{w}_2=\frac{1}{\sqrt{2}}\begin{bmatrix} 0 \\ 1 \\ 1 \end{bmatrix}$, $\boldsymbol{w}_3=\frac{1}{\sqrt{2}}\begin{bmatrix} 0 \\ 1 \\ -1 \end{bmatrix}$

   (2) $\boldsymbol{w}_1=\frac{1}{3}\begin{bmatrix} 1 \\ 2 \\ 2 \end{bmatrix}$, $\boldsymbol{w}_2=\frac{1}{3}\begin{bmatrix} -2 \\ -1 \\ 2 \end{bmatrix}$, $\boldsymbol{w}_3=\frac{1}{3}\begin{bmatrix} 2 \\ -2 \\ 1 \end{bmatrix}$

   (3) $\boldsymbol{w}_1=\frac{1}{\sqrt{6}}\begin{bmatrix} 1 \\ 2 \\ 1 \end{bmatrix}$, $\boldsymbol{w}_2=\frac{1}{\sqrt{3}}\begin{bmatrix} 1 \\ -1 \\ 1 \end{bmatrix}$, $\boldsymbol{w}_3=\frac{1}{\sqrt{2}}\begin{bmatrix} 1 \\ 0 \\ -1 \end{bmatrix}$

索　　引

◆ あ行 ◆

◆ か行 ◆

◆ さ行 ◆

◆ た行 ◆

◆ な行 ◆

◆ は行 ◆

◆ や行 ◆

◆ ら行 ◆

◆ わ行 ◆

著　者

塚本 達也（つかもと たつや）　大阪工業大学　工学部

教科書サポート

正誤表などの教科書サポート情報を
以下の本書ホームページに掲載する.

https://www.gakujutsu.co.jp/text/isbn978-4-7806-1183-0/

段階的に学ぶ線形代数（だんかいてきにまなぶせんけいだいすう）

2014 年 3 月 30 日　第 1 版　第 1 刷　発行
2017 年 3 月 30 日　第 1 版　第 4 刷　発行
2018 年 3 月 30 日　第 2 版　第 1 刷　発行
2019 年 3 月 30 日　第 2 版　第 2 刷　発行
2020 年 3 月 30 日　第 3 版　第 1 刷　発行
2024 年 2 月 20 日　第 3 版　第 5 刷　発行

著　者　塚本 達也（つかもと たつや）
発行者　発田 和子
発行所　株式会社 学術図書出版社
〒113−0033　東京都文京区本郷 5 丁目 4 の 6
TEL 03−3811−0889　振替 00110−4−28454
印刷　三和印刷（株）

定価はカバーに表示してあります.

ISBN978−4−7806−1183−0　C3041